Teubner-Reihe UMWELT

E. Worch

Wasser und Wasserinhaltsstoffe

Teubner-Reihe UMWELT

Herausgegeben von
Prof. Dr. Dr. Müfit Bahadir, Braunschweig
Prof. Dr. Hans-Jürgen Collins, Braunschweig
Prof. Dr. Bertold Hock, Freising

Diese Buchreihe ist ein Forum für Veröffentlichungen zum gesamten Themenbereich Umwelt. Es erscheinen einführende Lehrbücher, Monographien und Forschungsberichte, die den aktuellen Stand der Wissenschaft wiedergeben.

Das inhaltliche Spektrum reicht von den naturwissenschaftlich-technischen Grundlagen über umwelttechnische Fragestellungen bis hin zu juristisch, sozial- und gesellschaftswissenschaftlich ausgerichteten Titeln. Besonderer Wert wird dabei auf eine allgemeinverständliche, dennoch exakte und präzise Darstellung gelegt. Jeder Band ist in sich abgeschlossen.

Die Autoren der Reihe wenden sich vorwiegend an Studierende, Lehrende sowie in der Praxis tätige Fachleute.

Wasser und Wasserinhaltsstoffe

Eine Einführung in die Hydrochemie

Von Prof. Dr. Eckhard Worch
Technische Universität Dresden

 Springer Fachmedien Wiesbaden GmbH 1997

Prof. Dr. rer. nat. habil. Eckhard Worch

Geboren 1951 in Zeitz. Von 1969 bis 1973 Studium der Chemie an der TH Leuna-Merseburg.
Nach zweijähriger Tätigkeit in den Leuna-Werken 1975 Rückkehr an die TH Leuna-Merseburg.
Promotion 1980, Habilitation 1986. Von 1989 bis 1993 Dozent für Ökologische Chemie an der
TH Leuna-Merseburg und an der Martin-Luther-Universität Halle-Wittenberg. Seit 1993 Professor für Hydrochemie und Direktor des Instituts für Wasserchemie und Chemische Wassertechnologie an der TU Dresden.

Gedruckt auf chlorfrei gebleichtem Papier.

Die Deutsche Bibliothek – CIP-Einheitsaufnahme

Worch, Eckhard:
Wasser und Wasserinhaltsstoffe; eine Einführung in die
Hydrochemie / von Eckhard Worch. –

(Teubner-Reihe Umwelt)
ISBN 978-3-8154-3525-0   ISBN 978-3-663-12444-3 (eBook)
DOI 10.1007/978-3-663-12444-3

Umschlaggestaltung: E. Kretschmer, Leipzig

Vorwort

Wasser ist Leben. Kürzer und prägnanter als mit diesem vielzitierten Satz kann man die Bedeutung der chemischen Verbindung mit der unspektakulären Formel H_2O wohl nicht beschreiben. Wasser ist jedoch nicht gleich Wasser. Reines Wasser kommt in der Natur nicht vor, Wasser enthält immer mehr oder weniger große Mengen gelöster oder ungelöster Substanzen. Diese Wasserinhaltsstoffe sind es, die die Qualität des Wassers, vor allem als Lebensraum für aquatische Organismen oder als Ressource für die Trink- oder Brauchwassergewinnung, bestimmen.

Die in Grund- und Oberflächenwässern auftretenden Inhaltsstoffe können natürlichen oder anthropogenen Ursprungs sein, ihr Verhalten in aquatischen Systemen wird durch vielfältige physikalische, chemische und biologische Prozesse bestimmt. Vorkommen und Reaktionen von Wasserinhaltsstoffen zu untersuchen ist Gegenstand der Wasserchemie (oder Hydrochemie) - einer Wissenschaftsdisziplin, die - basierend auf der klassischen Chemie - enge Verbindungen zur Geochemie und Hydrobiologie aufweist. Nicht zuletzt liefert die Wasserchemie auch die naturwissenschaftlichen Grundlagen für die Wassertechnologie.

Das vorliegende Buch entstand aus Vorlesungen für Studenten der Studien- bzw. Vertiefungsrichtungen Wasserwirtschaft, Hydrochemie und Hydrobiologie an der TU Dresden und richtet sich sowohl an Chemiestudenten, denen der Einstieg in eine wasser- oder umweltchemische Vertiefungsrichtung erleichtert werden soll, als auch an Studenten anderer wasserfachlicher oder umweltwissenschaftlicher Studiengänge. Auch Praktikern aus der Wasserwirtschaft, Verwaltungsfachleuten und anderen am Wasser interessierten Lesern, die sich einen schnellen Überblick über Vorkommen, Bedeutung und Verhalten von Wasserinhaltsstoffen verschaffen wollen, kann dieses Buch sicher nützlich sein.

Mit dieser Einführung soll der Versuch unternommen werden, in kompakter Form physikalisch-chemische und stoffliche Aspekte der Wasserchemie darzustellen. Damit sind zugleich auch die Grenzen aufgezeigt. Bewußt ausgeklammert wurden die chemische Wassertechnologie mit ihren starken ingenieurwissenschaftlichen Bezügen sowie die Wasseranalytik. Auch biologische und geochemische Sachverhalte können im Rahmen dieser Einführung nur kurz angedeutet werden.

Ausgehend von einleitenden Betrachtungen zum Vorkommen und zum Kreislauf des Wassers in der Natur (Kapitel 1) werden in den Kapiteln 2 und 3 zunächst Eigenschaften des reinen Wassers und wäßriger Lösungen behandelt. Die theoretischen Grundlagen der wichtigsten Umwandlungs- und Verteilungsprozesse, denen Wasserinhaltsstoffe unterliegen können, bilden den Inhalt des vierten Kapitels. Schwerpunkt ist dabei die Behandlung von Reaktions- und Phasengleichgewichten, die für das Verständnis wasserchemischer Prozesse und ihrer Auswirkungen auf die Gewässerzusammensetzung von fundamentaler Bedeutung sind. Kapitel 5 beinhaltet schließlich die Beschreibung der wichtigsten Wasserinhaltsstoffe unter besonderer Berücksichtigung ihrer Quellen und ihres Verhaltens in aquatischen Systemen.

Dem Lehrbuchcharakter entsprechend werden Originalarbeiten nur dort zitiert, wo es unumgänglich erschien. Ein umfangreiches Verzeichnis von weiterführenden Lehr- und Handbüchern, die zum Teil auch als Quellen dienten, soll zum vertieften Studium der Wasserchemie anregen.

Bei einer kurzgefaßten Einführung in ein Wissenschaftsgebiet, das sich in stürmischer Entwicklung befindet und dessen Grenzen zu anderen Wissenschaftsdisziplinen zunehmend schwerer zu definieren sind, lassen sich thematische Beschränkungen, Vereinfachungen und eventuell auch Ungenauigkeiten kaum vermeiden. Nicht selten war Mut zur Lücke gefragt. Für kritische Hinweise und Verbesserungsvorschläge sei deshalb schon jetzt allen Fachkollegen gedankt.

Mein besonderer Dank gilt den Herren Prof. Dr. H.-J. Walther (Freital) und Prof. Dr. Dr. M. Bahadir (Braunschweig) für die kritische Durchsicht des Manuskripts und für wertvolle Hinweise. Dankbar bin ich auch Herrn J. Weiß vom Teubner-Verlag für die Ermutigung zu diesem Buchprojekt und für die hilfreiche Begleitung bei der Manuskripterstellung.

Dresden, im Juni 1997   Eckhard Worch

Inhalt

1 Einleitung

Wasser ist die Grundlage jeden Lebens. Für den Menschen ist Trinkwasser das wichtigste Lebensmittel, das durch nichts zu ersetzen ist. Ebenso sind Industrie und Landwirtschaft ohne Wasser nicht denkbar. Dementsprechend gehören die Erhaltung aquatischer Lebensräume und die Sicherung von Wasserressourcen zu den wichtigsten Zielen einer umweltverträglichen Entwicklung.

Die Qualität eines Wassers wird durch seine Inhaltsstoffe bestimmt. Die Beurteilung der Wassergüte erfordert daher fundierte Kenntnisse über das Auftreten und Verhalten von Wasserinhaltsstoffen. Hieraus erklärt sich die große Bedeutung der Wasserchemie als Wissenschaftsdisziplin, die sich mit den Wasserinhaltsstoffen und ihren Reaktionen im natürlichen Wasserkreislauf und im Nutzungszyklus des Wassers beschäftigt.

Wasser ist zwar mit einer Gesamtmasse von rund $1{,}38 \cdot 10^{18}$ t die häufigste molekulare Substanz auf der Erde, die Verteilung auf die einzelnen Reservoire ist jedoch ausgesprochen ungleichmäßig (Tab. 1.1).

Tabelle 1.1: Wasserreservoire der Erde (nach [KÜM 1988])

Reservoir	Volumen in 10^{15} m^3	Anteil in %
Ozeane	1340,0	97,38
Polare Eiskappen u. Gletscher	28,0	2,03
Grundwasser	8,0	0,58
Seen und Flüsse	0,2	0,015
Atmosphäre	0,0015	0,0001
Gesamtmenge	1376,0	100,0

Etwa 97 % des Gesamtvolumens entfallen auf das Salzwasser der Ozeane. Die wichtigsten Süßwasservorräte sind die polaren Eiskappen und Gletscher sowie das Grund- und Oberflächenwasser, wovon jedoch nur das Oberflächenwasser und Teile des Grundwassers mit vertretbarem technischem Aufwand einer Nutzung zugeführt werden können. Daraus ergibt sich, daß von den gewaltigen Wasservorräten nur weit weniger als 1 % tatsächlich für eine Nutzung zur Verfügung stehen.

Allerdings werden durch den Kreislauf des Wassers die nutzbaren Wasservorräte ständig erneuert. In Abbildung 1.1 ist der globale Wasserkreislauf vereinfacht dargestellt. Jährlich werden etwa 423.000 km^3 Wasser durch Verdunstung in die Atmosphäre überführt und das gleiche Volumen als Niederschlag zum Festland und zu den Ozeanen zurück transportiert. Der Kreislauf gleicht somit einer Destillationsanlage, deren Energiebedarf sich aus der Verdampfungsenthalpie des Wassers (Abschn. 2.2) zu etwa 10^{21} kJ/a berechnet und von der Sonne gedeckt wird. Für die Erneuerung der Süßwasservorräte ist insbesondere der Anteil des aus den Ozeanen verdunsteten Wassers, der nicht wieder über den Meeren abregnet, sondern über die Atmosphäre zum Land transportiert wird, von Bedeutung. Dieser Anteil beträgt rund 37.000 km^3/a. Die hier nur grob skizzierten Wege des Stofftransports im globalen Wasserkreislauf lassen sich natürlich weiter differenzieren.

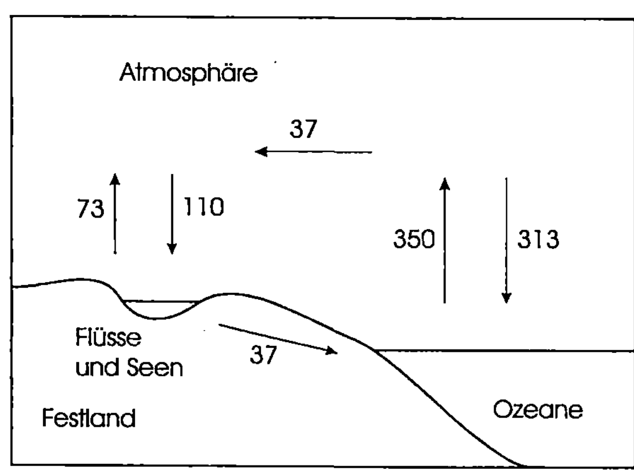

Abb. 1.1: Der globale Wasserkreislauf [KÜM 1988] (Stoffströme in 10^3 km^3/a)

Ein Teil des dem Festland als Niederschlag zugeführten Wassers gelangt entweder direkt in Oberflächengewässer (Bäche, Flüsse, Seen, Talsperren) oder fließt in diese ab. Der Rest versickert in den Boden. Dort wird es von Pflanzen aufgenommen oder weiter in den Untergrund transportiert, wo es schließlich den Grundwasserspiegel erreicht. Auch Oberflächenwasser kann durch Infiltration zum Grundwasser werden. Nach mehr oder weniger langen Aufenthaltszeiten und Fließwegen tritt das Grundwasser als Quelle oder als direkter Zufluß zu Oberflächengewässern wieder zutage. Der Kreislauf schließt sich durch Verdunstungsprozesse und den Wasserabfluß zum Meer.

Die Verdunstung kann dabei sowohl vom Boden und den Gewässeroberflächen ausgehen als auch über die Pflanzen erfolgen. Diese differenzierte Betrachtung ist insbesondere für regionale Bilanzierungen von Interesse. Für die Bundesrepublik Deutschland gilt annähernd folgendes: Die jährlich über den Niederschlag zugeführte Wassermenge beträgt rund 270 Mrd. m^3. Diese Menge wird zu etwa gleich großen Teilen als Abfluß zum Meer und durch Verdunstung wieder abgeführt.

Die Trinkwassergewinnung erfolgt in Deutschland aus Grund-, Quell- und Oberflächenwasser. Grundwasser ist mit einem Anteil von 64 % die überwiegend genutzte Ressource, gefolgt von Oberflächenwasser (28 %) und Quellwasser (8 %). Die Bedeutung der verschiedenen Rohwässer für die Trinkwasserversorgung ist allerdings regional sehr unterschiedlich (Tab. 1.2).

Tabelle 1.2: Anteile der einzelnen Wasserressourcen an der Trinkwassergewinnung in %, Bundesrepublik Deutschland 1995 [BGW 1996]

Bundesland	Grundwasser	Quellwasser	Oberflächenwasser
Baden-Württemberg	48,3	16,4	35,3
Bayern	70,3	21,4	8,3
Berlin	100,0	0,0	0,0
Brandenburg	90,7	0,0	9,3
Bremen	100,0	0,0	0,0
Hamburg	100,0	0,0	0,0
Hessen	80,8	13,1	6,1
Mecklenburg-Vorpommern	77,7	0,0	22,3
Niedersachsen	82,6	4,6	12,8
Nordrhein-Westfalen	40,5	2,0	57,5
Rheinland-Pfalz	75,3	14,9	9,8
Saarland	94,9	5,1	0,0
Sachsen	22,9	7,2	69,9
Sachsen-Anhalt	69,7	2,2	28,1
Schleswig-Holstein	99,9	0,1	0,0
Thüringen	72,7	22,8	4,5

Natürlich vorkommendes, flüssiges Wasser ist niemals reines H_2O, sondern enthält gelöste, kolloidal verteilte und grobdisperse Inhaltsstoffe. Hinsichtlich der Art und vor allem der Konzentrationen der Inhaltsstoffe unterscheiden sich die verschiedenen Wasserreservoire. Die Ozeane, die etwa 70 % der Erdoberfläche bedecken, enthalten durchschnittlich 3,5 % gelöste Salze. Im Ozeanwasser findet man alle natürlich vorkommenden Elemente, allerdings meist nur in geringen Konzentrationen. Nur einige wenige Ionen tragen zu dem hohen Salzgehalt bei. Dies sind in erster Linie Natrium- und Chloridionen, deren Gesamtkonzentration allein schon etwa 30 g/L ($\approx$ 3 %) ausmacht. Die Zusammensetzung des Meerwassers ist weitgehend konstant. Süßwässer weisen dagegen stark variierende und hinsichtlich der Hauptkomponenten auch kleinere Konzentrationen auf.

Die Zusammensetzung von Grundwässern wird sehr stark durch den geologischen Hintergrund geprägt. Es dominieren die Kationen Ca^{2+}, Mg^{2+}, Na^+ und K^+ sowie die Anionen HCO_3^-, SO_4^{2-} und Cl^-. Gelöste Gase wie Kohlendioxid und Sauerstoff spielen bei der Wechselwirkung des Wassers mit festen Phasen eine wesentliche Rolle. Beim Durchströmen der Bodenschichten wird versickerndes Niederschlagswasser stark mit Kohlendioxid, das bei biologischen Abbauprozessen entsteht, angereichert. Dieses Kohlendioxid erhöht und beschleunigt chemische Auflösungsprozesse von Gesteinen. Der Gehalt an gelöstem Sauerstoff bestimmt die Redoxintensität und damit die Auflösung oder Ausfällung bestimmter Ionen (z.B. Eisen, Mangan). Die über dem Grundwasser liegenden Bodenschichten schützen dieses weitgehend vor Schadstoffeinträgen. Allerdings hat in den letzten Jahren die anthropogene Grundwasserbelastung, zum Beispiel durch Nitrat, Pestizide und Chlorkohlenwasserstoffe, zugenommen.

Als Quellwasser zutage tretendes Wasser weist zunächst die Zusammensetzung des Grundwassers auf, unterliegt dann aber zum Teil weitreichenden Veränderungen durch natürliche und anthropogene Einträge sowie durch den Gasaustausch mit der Atmosphäre. Insbesondere in Ballungsgebieten werden den Flüssen erhebliche Mengen an anorganischen und organischen Abwasserinhaltsstoffen zugeführt. Auch Abschwemmungen von landwirtschaftlich genutzten Flächen (Düngemittel, Pestizide) können die Fließgewässer belasten. Flüsse verfügen über eine biologische Selbstreinigungskraft, die auf dem - durch Organismen bewirkten - oxidativen Abbau organischer Inhaltsstoffe beruht. Voraussetzung ist eine ausreichende Sauerstoffversorgung. Obwohl bei fließenden Gewässern aufgrund von Turbulenzen die Sauerstoffaufnahme aus der Atmosphäre begünstigt ist, besteht bei zu hoher Belastung die Gefahr der weitgehenden Sauerstoffzehrung und damit der Verschlechterung der Wasserqualität. Flußsedimente wirken als Schadstoffsenken, z.B. für Schwermetalle, und sind daher häufig stark belastet. In der Regel sind in Flüssen die Konzentrationen an anthropogenen Schadstoffen so hoch, daß das Flußwasser nicht direkt zur Trinkwassergewinnung genutzt werden kann. Statt dessen verwendet man Uferfiltrat, das aus Brunnen, die sich in ausreichender Entfernung vom Flußufer befinden, gewonnen wird. Durch biologischen Abbau und Sorptionsprozesse während der Bodenpassage werden die Schadstoffe zum Teil eliminiert.

Der Stoffhaushalt stehender Gewässer wird sehr stark durch biologische Prozesse geprägt und in gemäßigten Klimazonen durch den Wechsel von Stagnations- und Zirkulationsphasen, der aus der Dichteanomalie des Wassers resultiert (Abschn. 2.2), beeinflußt.

In der Sommerstagnationsperiode dominiert in den oberen Gewässerschichten (Epilimnion) die photosynthetische Produktion von Biomasse aus anorganischen Stoffen (Wasser, Kohlendioxid, Nitrat, Phosphat). Dabei wird Sauerstoff produziert, der wegen der Ausbildung einer Temperatursprungschicht aber nicht in die tieferen Gewässerschichten (Hypolimnion) gelangen kann. Dort überwiegen Mineralisierungsprozesse, bei denen - in Umkehrung der Produktion - organische Substanzen wieder zu anorganischen umgewandelt werden, was mit einer entsprechenden Sauerstoffzehrung einhergeht. Da kein Sauerstoff nachgeliefert wird, ändert sich der Redoxzustand am Gewässergrund; es treten verstärkt reduzierte Verbindungen, wie NH_4^+, Mn^{2+}, Fe^{2+}, H_2S/HS^- und CH_4, auf. Bei der unter reduzierenden Bedingungen erfolgenden Auflösung des Mangan(IV)-oxids und Eisen(III)-oxidhydrats werden auch die an diesen Festphasen gebundenen Stoffe (z.B. andere Metalle, Phosphat) aus dem Sediment remobilisiert.

Für die Stagnationsphasen sind vertikale Konzentrationsprofile typisch. In den Zirkulationsphasen erfolgt dagegen eine gleichmäßige Verteilung der gelösten Stoffe. Durch anthropogene Nährstoffeinträge werden die photosynthetische Produktion und die beschriebenen Folgeprozesse intensiviert (Eutrophierung, Abschn. 5.3.5).

Schon die wenigen angeführten Beispiele machen deutlich, daß die Zusammensetzung natürlicher Wässer von einer Vielzahl physikalischer, chemischer und biologischer Prozesse beeinflußt wird (Tab. 1.3), die zum Teil in sehr komplexer Weise zusammenwirken und sowohl im Wasser selbst als auch an den Grenzen zur Atmosphäre und zum Boden bzw. zu den Sedimenten ablaufen. Die Zusammensetzung variiert deshalb nicht nur in Abhängigkeit vom Gewässertyp, sondern insbesondere beim Süßwasser auch innerhalb eines Gewässertyps.

Jeder Fluß, jeder See oder jedes Grundwasser weist eine individuelle Zusammensetzung auf, die zudem durch anthropogene Einträge modifiziert wird. Die Beurteilung der Wasserqualität, auch im Hinblick auf eventuelle Nutzungsmöglichkeiten, erfordert zunächst einmal Kenntnisse über Art und Konzentration der Wasserinhaltsstoffe. Diese Kenntnisse zu liefern, ist Aufgabe der chemischen Analytik, speziell der Wasseranalytik. Eine Interpretation der Daten, die die Analytik liefert, ist jedoch ohne Verständnis der hydrochemischen und hydrobiologischen Zusammenhänge und ohne Kenntnis der Eigenschaften und Wirkungen der Inhaltsstoffe nicht möglich.

Tabelle 1.3: Physikalisch-chemische und biochemische Prozesse in Gewässern

Physikalisch-chemische Prozesse	Biochemische Prozesse
Absorption und Desorption von Gasen	Photosynthese
Säure-Base-Reaktionen	Mineralisierung organischer Stoffe
Auflösung und Ausfällung von festen Stoffen	Biochemische Redoxprozesse
Redoxprozesse	
Komplexbildung	
Adsorption und Ionenaustausch an Feststoffen	

2 Struktur und Eigenschaften des Wassers

2.1 Struktur des Wassers

Das dreiatomige H_2O-Molekül ist gewinkelt aufgebaut. Der Bindungswinkel beträgt 104,5°, die O-H-Bindungslängen werden mit 96 pm angegeben. Die Molekülgeometrie läßt sich mit der Annahme einer sp^3-Hybridisierung des Sauerstoffatoms erklären, wobei zwei der vier tetraedrisch angeordneten Hybridorbitale mit den s-Orbitalen der Wasserstoffatome überlappen (kovalente Bindung) und zwei die verbleibenden freien Elektronenpaare aufnehmen. Durch den höheren Platzbedarf der freien Elektronenpaare wird die tetraedrische Struktur deformiert, woraus sich die Verringerung des Tetraederwinkels (109,5°) auf den oben angegebenen Wert des Bindungswinkels erklärt. Die Bindungspartner Sauerstoff und Wasserstoff besitzen unterschiedliche Elektronegativitäten (O: 3,5; H: 2,15), was zu Partialladungen von -0,34 am Sauerstoffatom und +0,17 an den Wasserstoffatomen und zu einem permanenten Dipolmoment von 1,84 D ($6{,}14 \cdot 10^{-30}$ C m) für das Wassermolekül führt.

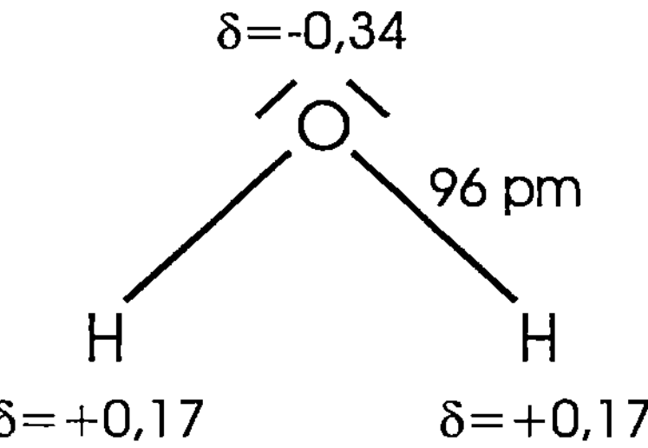

Abb. 2.1: Das Wassermolekül

Die Existenz positiver und negativer Ladungsschwerpunkte im Wassermolekül ist der Grund für das Auftreten intermolekularer Wechselwirkungen zwischen den Sauerstoff- und Wasserstoffatomen benachbarter Moleküle. Diese werden als Wasserstoffbrückenbindungen bezeichnet und bestimmen ganz wesentlich die Struktur der kondensierten Phasen Eis und flüssiges Wasser. So stellt der ideale Eiskristall ein Netzwerk von Sauerstoffatomen, die jeweils von vier Wasserstoffatomen tetraedrisch umgeben sind, dar. Dabei sind zwei über kovalente Bindungen (innerhalb des Moleküls) und zwei über

Wasserstoffbrücken gebunden, woraus unterschiedliche O-H-Bindungsabstände im Kristallgitter resultieren (Abb. 2.2). Beim Übergang zum flüssigen Zustand (Energiezufuhr) werden die Wasserstoffbrücken, die gegenüber den kovalenten Bindungen über eine geringere Bindungsenergie verfügen, deformiert bzw. gelöst.

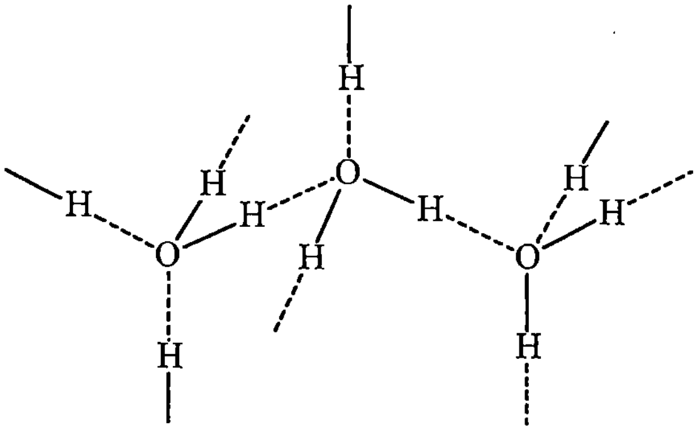

Abb. 2.2: Wasserstoffbrückenbindungen zwischen Wassermolekülen
a) schematische Darstellung   b) Anordnung im Eiskristall

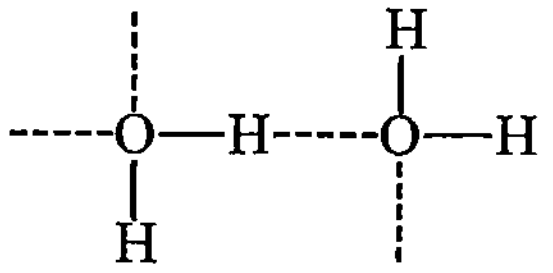

Es gibt derzeit noch kein allgemein akzeptiertes Strukturmodell des flüssigen Wassers. Zweifellos kommt den Wasserstoffbrückenbindungen auch in der flüssigen Phase eine entscheidende Bedeutung zu. Ein anschauliches, aber nicht unumstrittenes Modell geht von der Existenz eines dynamischen Gleichgewichts zwischen Assoziaten mit eisähnlicher Struktur und freien H_2O-Molekülen aus, wobei mit steigender Temperatur die Zahl der gelösten Brückenbindungen zu- und damit die Größe der Assoziate abnimmt (Clustermodell). Andere Modelle beschreiben die Wasserstruktur als makromolekulares Netzwerk mit kontinuierlicher Verteilung der Bindungsenergien infolge der Aufweitung und Deformation der Wasserstoffbrücken (Kontinuumsmodelle). In jedem Fall ist von einer zunehmenden Destabilisierung der Struktur mit steigender Temperatur auszugehen. Die strukturelle Veränderung des Wassers bei Temperaturerhöhung und Phasenumwandlung kann als Übergang von einer Fernordnung im Eis über eine ausgeprägte Nahordnung im flüssigen Wasser hin zur Existenz isolierter Moleküle im Gaszustand interpretiert werden.

2.2   Eigenschaften des reinen Wassers

Wasser weist eine Vielzahl außergewöhnlicher Eigenschaften auf, die für den Zustand und das Verhalten aquatischer Systeme von entscheidender Bedeutung sind. Flüssiges Wasser besitzt bei 3,98 °C ein Dichtemaximum (Tab. 2.1).

Tabelle 2.1: Dichte des flüssigen Wassers

Temperatur in °C	Dichte in g/cm^3
0	0,99987
2	0,99997
4	1,00000
6	0,99997
8	0,99988
10	0,99973
20	0,99824
30	0,99567
40	0,99283
100	0,95934

Eis hat eine relativ lockere, voluminöse Struktur, was sich in einer geringen Dichte ausdrückt. Diese beträgt bei 0 °C 0,917 g/cm^3. Beim Schmelzen steigt die Dichte an, was nach dem Clustermodell mit der Bildung isolierter Wassermoleküle, die die Hohlräume der verbleibenden Eisstrukturen besetzen, erklärt werden kann. Bei weiterer Temperaturerhöhung und weiterem Aufbrechen von Wasserstoffbrückenbindungen setzt sich dieser Vorgang fort, wird aber zunehmend durch die Volumenausdehnung, die wegen

$$\rho = \frac{m}{V} \qquad\qquad (2.1)$$

ρ - *Dichte, m - Masse, V - Volumen*

zu einer Verringerung der Dichte führt, überlagert. Aus diesen gegenläufigen Effekten erklärt sich das Auftreten des Dichtemaximums. Als Folge dieser Dichteanomalie kommt es in Gewässern mit geringen turbulenten Durchmischungen im Winter und im Sommer zu relativ stabilen thermischen Schichtungen.

Das spezifisch leichtere Wasser mit Temperaturen unterhalb (im Winter) bzw. oberhalb (im Sommer) der Temperatur des Dichtemaximums befindet sich in Oberflächennähe, während das spezifisch schwerere Wasser mit Temperaturen um 4 °C in den tieferen Gewässerschichten zu finden ist. Gewässer gefrieren im Winter daher zunächst an der Oberfläche. Die sich ausbildende Eisschicht verhindert den Energieeintrag durch Wind, so daß unter diesen Bedingungen trotz des geringen Dichteunterschiedes im Bereich zwischen 0 und 4 °C die Schichtung stabil bleiben kann. Im Sommer sind die Dichteunterschiede aufgrund der deutlich höheren Außentemperaturen wesentlich größer, so daß auch bei stärkerem Wind in der Regel keine Störung der thermischen Schichtung zu verzeichnen ist. Zwischen diesen Stagnationsphasen treten im Frühjahr und im Herbst infolge der Erwärmung bzw. Abkühlung der oberen Wasserschichten und des damit verbundenen Abbaus des Temperaturgradienten Phasen der Vollzirkulation auf, die eine wichtige Bedeutung für den Transport gelöster Gase und Feststoffe im Gewässer haben. Die Abfolge dieser Phasen tritt in der beschriebenen Weise natürlich nur unter der Bedingung auf, daß die äußeren Temperaturen einen entsprechenden jahreszeitlichen Gang zeigen. Dies trifft vor allem für die gemäßigten Klimazonen zu.

Das Auftreten von Wasserstoffbrückenbindungen im festen und flüssigen Zustand erklärt auch die relativ hohen Phasenumwandlungstemperaturen des Wassers. Der Schmelzpunkt von 0 °C und der Siedepunkt von 100 °C (bei Normaldruck) weichen deutlich vom allgemeinen Trend innerhalb der Reihe der Wasserstoffverbindungen der Elemente der 6. Hauptgruppe ab (Abb. 2.3) und ermöglichen so erst die Existenz flüssigen Wassers unter Normalbedingungen.

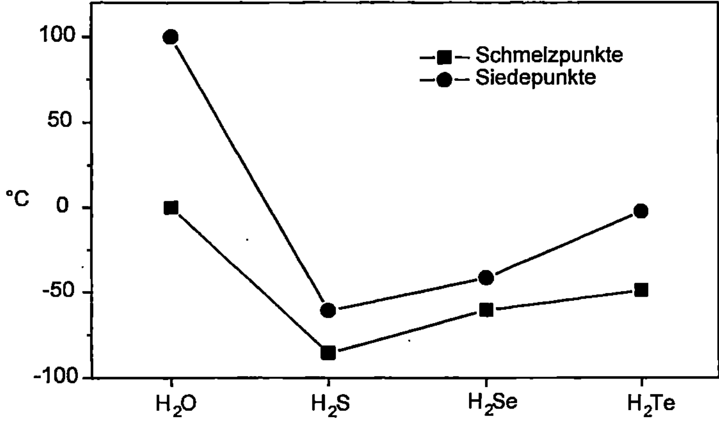

Abb. 2.3: Schmelz- und Siedetemperaturen der Wasserstoffverbindungen der Elemente der 6. Hauptgruppe des Periodensystems

Schmelz- und Siedepunkt sind druckabhängig. Die Existenzgebiete der Phasen Eis, flüssiges Wasser und Dampf werden durch die Dampfdruckkurve, die Schmelzdruckkurve und die Sublimationsdruckkurve begrenzt und lassen sich anschaulich im Zustandsdiagramm (Abb. 2.4) darstellen. Die jeweiligen Phasenumwandlungstemperaturen ergeben sich als Schnittpunkte von Linien konstanten Drucks mit den entsprechenden Kurven; in Abbildung 2.4 beispielhaft dargestellt für den Atmosphärendruck 1,013 bar. Während die Siedetemperatur relativ stark mit dem Druck steigt, zeigt die Schmelzdruckkurve einen geringen negativen Anstieg, d.h., die Schmelztemperatur sinkt leicht mit steigendem Druck. Der Tripelpunkt ist der einzige Punkt, an dem alle drei Phasen koexistieren. Er liegt bei 0,00611 bar und 0,0098 °C. Die Dampfdruckkurve endet im kritischen Punkt (218 bar, 374,15 °C). Oberhalb des kritischen Punktes gibt es keine Phasengrenze zwischen Flüssigkeit und Dampf mehr. Der Vollständigkeit halber sei erwähnt, daß neben dem hexagonalen („normalen") Eis noch weitere Eismodifikationen existieren, deren Existenzfelder aber oberhalb 10^3 bar liegen, so daß sie für die natürliche Umwelt keine Bedeutung haben.

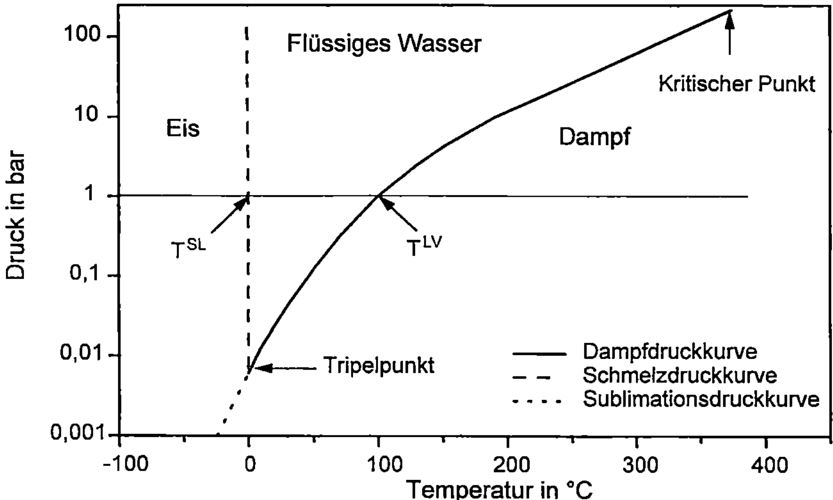

Abb. 2.4: Zustandsdiagramm des Wassers (T^{SL} - Schmelztemperatur, T^{LV} - Siedetemperatur)

Die kalorischen Zustandsgrößen des Wassers, wie Schmelzenthalpie (6,01 kJ/mol), Verdampfungsenthalpie (44,1 kJ/mol) und molare Wärmekapazität (75,5 J/mol K), haben relativ große Werte und weisen Wasser als exzellentes Medium zur Wärmespeicherung und zur Pufferung gegen Extremtemperaturen aus.

Die im Vergleich zu anderen Flüssigkeiten hohe Oberflächenspannung von $7{,}275 \cdot 10^{-2}$ N/m (bei 20 °C, vgl. Tab. 2.2) kann zur Deutung der Kapillarwirkung sowie der für die Wolken- und Niederschlagsbildung wichtigen kinetischen Stabilität des übersättigten Wasserdampfes herangezogen werden. So ist die Steighöhe h einer Flüssigkeit in einer Kapillare mit dem Radius r direkt proportional dem Quotienten aus Oberflächenspannung γ und Dichte ρ:

$$h = \frac{2\gamma}{\rho\, g\, r} \qquad\qquad (2.2)$$

g - Erdbeschleunigung (9,81 m/s^2).

Der gegenüber der Volumenphase erhöhte Dampfdruck kleiner Tröpfchen, der ebenfalls von der Oberflächenspannung γ abhängig ist und der nach der KELVIN-Gleichung

$$p\ (Tropfen) = p\ (Fl\ddot{u}ssigkeit)\ \exp\left(\frac{2\gamma\ V_m}{r\,R\,T}\right) \qquad\qquad (2.3)$$

p - Dampfdruck, V$_m$ - molares Volumen der Flüssigkeit, r - Tropfenradius,
R - allgemeine Gaskonstante, T - absolute Temperatur

berechnet werden kann, ist der Grund dafür, daß die bei einer Kondensation (z.B. beim Aufsteigen warmer, wassergesättigter Luft in kältere Schichten) primär gebildeten kleinsten Wassertröpfchen wieder verdampfen, so daß sich - zumindest zeitlich befristet - der metastabile Zustand des übersättigten Dampfes einstellen kann. Durch Kondensationskeime (z.B. Staubpartikel) wird dieser Zustand wieder aufgehoben. Hieraus erklärt sich auch die bevorzugte Bildung von Nebeltröpfchen in staubhaltiger Luft.
Die Viskosität (Zähigkeit) des Wassers ist bei niedrigen Temperaturen relativ hoch und nimmt mit steigender Temperatur, bedingt durch die Zunahme der thermischen Bewegung und den Abbau des Wasserstoffbrücken-Netzwerkes, stark ab. Die Viskosität kann als dynamische Viskosität η oder als kinematische Viskosität ν angegeben werden, der Zusammenhang zwischen beiden wird durch die Dichte hergestellt:

$$\nu = \frac{\eta}{\rho} \quad . \qquad\qquad (2.4)$$

Die Temperaturabhängigkeit der dynamischen Viskosität läßt sich durch die empirische Beziehung

$$\lg\left(\frac{\eta_{20}}{\eta}\right) = \frac{1{,}37023\,(\vartheta - 20) + 8{,}36 \cdot 10^{-4}\,(\vartheta - 20)^2}{109 + \vartheta} \qquad (2.5)$$

η_{20} - *dynamische Viskosität bei 20 °C (1,0019·10^{-3} kg m^{-1} s^{-1}), ϑ - Temperatur in °C*

beschreiben [ATK 1990]. Die Tabelle 2.2 zeigt die Temperaturabhängigkeit der dynamischen Viskosität und der Oberflächenspannung bei Normaldruck.

Tabelle 2.2: Temperaturabhängigkeit der Oberflächenspannung γ und der dynamischen Viskosität η von Wasser bei Atmosphärendruck

ϑ in °C	γ in 10^{-2} N m^{-1}	η in 10^{-3} kg m^{-1}s^{-1}
0	7,564	1,775
10	7,423	1,304
20	7,275	1,002
30	7,120	0,797
40	6,960	0,653
50	6,794	0,546
60	6,624	0,466
80	6,267	0,355
100	5,891	0,282

Im Abschnitt 2.1 wurde bereits erwähnt, daß das Wassermolekül ein permanentes Dipolmoment besitzt. Das Dipolmoment ist eine Eigenschaft des Einzelmoleküls (mikroskopische Eigenschaft), die sich im makroskopischen Bereich, d.h. bei Betrachtung einer großen Zahl von Molekülen, u.a. in der Dielektrizitätskonstante widerspiegelt. Die Dielektrizitätskonstante gibt an, wie sich die Kapazität eines Kondensators durch Einbringen eines bestimmten Dielektrikums im Vergleich zum Vakuum erhöht. Die Dielektrizitätskonstante eines betrachteten Stoffes wird üblicherweise auf die Dielektrizitätskonstante des Vakuums (ε_0) bezogen und als relative Dielektrizitätskonstante ε_r ($\varepsilon/\varepsilon_0$) angegeben. Flüssigkeiten mit permanenten Dipolen weisen besonders hohe Dielektrizitätskonstanten auf. Dies ist eine Folge der Orientierung der Dipole in Richtung der Feldlinien. Wasser besitzt bei 25 °C eine relative Dielektrizitätskonstante von 78,5. Aus dem hohen Wert (zum Vergleich: Ethanol 24,3, Benzol 2,3) läßt sich ableiten, daß die COULOMBschen Anziehungskräfte zwischen unterschiedlich geladenen Ionen durch Wasser stark herabgesetzt werden. Das ist ein Grund dafür, daß Wasser ein hervorragendes Lösungsmittel für Salze ist.

Aus der Wirkung des Wassers als Lösungsmittel für eine Vielzahl von Verbindungen resultiert die Tatsache, daß reines Wasser in der Natur nicht vorkommt. Natürliche Wässer sind immer mehr oder weniger stark konzentrierte Lösungen von Gasen und Feststoffen, die aus benachbarten Umweltkompartimenten (Atmosphäre, Böden, Sedimente) aufgenommen oder über den Weg der Abwassereinleitung eingetragen werden. Die Chemie des Wassers ist also in erster Linie eine Chemie wäßriger Lösungen, deren wichtigste Grundlagen in den nächsten beiden Kapiteln kurz umrissen werden sollen.

3 Wäßrige Lösungen

3.1 Auflösung und Hydratation

Die im Wasser gelösten Stoffe können je nachdem, ob sie einen Stromtransport durch Ionen ermöglichen oder nicht, in Elektrolyte und Nichtelektrolyte eingeteilt werden. Echte Elektrolyte bestehen bereits als reine Phase aus Ionen. Hierzu gehören die Salze, die als Feststoffe in Ionengittern kristallisieren. Bei potentiellen Elektrolyten überwiegen in der reinen Phase die kovalenten Bindungsanteile, Ionen werden erst durch Reaktion mit dem Lösungsmittel gebildet. Zu den potentiellen Elektrolyten zählen alle Säuren, die meisten organischen Basen sowie weitere kovalente Verbindungen wie Ammoniak oder auch das Wasser selbst. Nichtelektrolyte sind kovalente Verbindungen, die auch beim Lösen keine Ionen bilden. Hierzu gehören vor allem die unpolaren und wenig polaren organischen Verbindungen.

Beim Auflösen von Salzen müssen die relativ hohen Gitterkräfte des Ionengitters überwunden werden. Die dazu notwendige Energie wird durch die Solvatation, im Falle des Lösungsmittels Wasser auch als Hydratation bezeichnet, geliefert. Unter Solvatation bzw. Hydratation versteht man die Wechselwirkungen zwischen den Ionen und den Lösungsmittelmolekülen. Im Wasser treten aufgrund des hohen Dipolmoments besonders starke Ion-Dipol-Wechselwirkungen auf. Diese sind um so stärker, je kleiner der Radius und je größer die Ladung des Ions ist. Die Wechselwirkungen führen zum Aufbau neuer Strukturen, insbesondere zur Ausbildung einer die Ionen umgebenden Hydrathülle. Zum Aufbrechen der ursprünglichen Wasserstruktur und zur Schaffung von Hohlräumen, in die sich die Ionen einlagern können, ist allerdings auch ein gewisser Energiebetrag erforderlich, der als Lochbildungsarbeit bezeichnet wird. Diese Energie ist um so höher, je größer das Ion ist. Die Größe der Solvatationsenthalpie wird durch beide Effekte bestimmt.

Die Auflösung von Salzen ist also immer mit der Bildung hydratisierter Ionen verbunden und kann vereinfacht durch die Reaktionsgleichung

$$K^+A^- + (m+n)\,H_2O \rightleftharpoons [\,K\,(H_2O)_m\,]^+ + [\,A\,(H_2O)_n\,]^- \qquad (3.1)$$

beschrieben werden.

Die direkte Wechselwirkung zwischen dem Ion und einer begrenzten Anzahl von Wassermolekülen seiner nächsten Umgebung führt zur Ausbildung einer relativ stabilen Struktur (primäre Hydratation), die zu einer Erhöhung des Ordnungszustandes im Wasser führt. Kleine und hochgeladene Ionen sind besonders stark hydratisiert. Das elektrische Feld des Ions reicht jedoch noch weiter in das Lösungsmittel hinein und führt in der weiteren Umgebung zum Aufbrechen von Wasserstoffbrücken unter teilweiser Zerstörung der Wasserstruktur (sekundäre Hydratation). Die Wassermoleküle werden dadurch leichter beweglich als in der ungestörten Wasserstruktur. Eine genaue Abgrenzung der Hydratationssphären ist schwierig. Die Zahl der Wassermoleküle in der primären Hydratationssphäre kann sehr unterschiedlich sein und ist meist auch nicht genau zu ermitteln. Große, einfach positiv oder negativ geladene Ionen bilden häufig keine ausgeprägte primäre Hydrathülle aus. In Abhängigkeit davon, welcher der beiden beschriebenen Effekte dominiert, spricht man auch von überwiegend geordneter oder überwiegend ungeordneter Hydratation. Gebräuchlich sind auch die Begriffe Strukturbildung und Strukturbrechung. Strukturbildend sind kleine, hochgeladene Ionen (z.B. Mg^{2+}, Ca^{2+}, SO_4^{2-}), während große, einfach geladene Ionen (z.B. K^+, NO_3^-, I^-) eher strukturbrechend wirken.

Auch wenn Ionen in wäßrigen Lösungen immer von einer Hydrathülle umgeben sind, bleiben die Wassermoleküle im allgemeinen bei der Formulierung von Formeln und Reaktionsgleichungen unberücksichtigt. Eine Ausnahme bilden Reaktionen, an denen die Moleküle der Hydrathülle unmittelbar beteiligt sind, wie zum Beispiel Hydrolyseprozesse (Abschn. 4.6.3).

Potentielle Elektrolyte dissoziieren im Lösungsmittel Wasser mehr oder weniger vollständig unter Bildung von Ionen, die ebenfalls eine Hydrathülle ausbilden. Dies gilt auch für das Wasser selbst, das in geringem Umfang in H^+- und OH^--Ionen zerfällt. Freie Protonen existieren in wäßrigen Systemen jedoch nicht. Jedes Proton lagert zunächst ein Wassermolekül durch koordinative Bindung an.

$$H^+ + H_2O \rightleftharpoons H_3O^+ \tag{3.2}$$

Die Hydroniumionen H_3O^+ unterliegen dann der weiteren Hydratation. In der primären Hydratationssphäre werden drei Wassermoleküle über Wasserstoffbrücken gebunden, so daß Teilchen mit der Formel $H_9O_4^+$ entstehen

(Abb. 3.1). In der äußeren Hydratationssphäre können weitere Wassermoleküle angelagert werden. Auch für das Hydroxidion wird eine ähnliche Hydratation angenommen. Mit drei Wassermolekülen ergibt sich der Komplex $H_7O_4^-$. In den hydratisierten Teilchen sind die Ladungen entlang der Wasserstoffbrücken frei beweglich. Auch bei diesen Teilchen werden die gebundenen Wassermoleküle üblicherweise nicht angegeben. In einigen Fällen kann jedoch zumindest die Verwendung der Formel H_3O^+ sinnvoll sein.

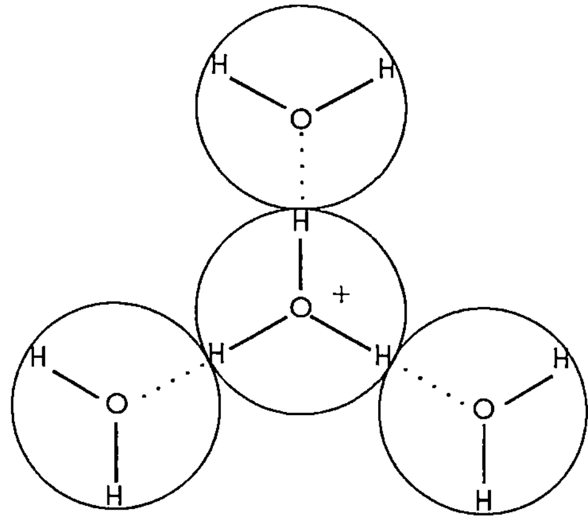

Abb. 3.1: Das hydratisierte Proton $H_9O_4^+$

Beim Lösen von Nichtelektrolyten müssen im Gegensatz zu den Elektrolyten keine ionischen oder kovalenten Bindungen aufgebrochen werden. Die Moleküle bleiben in ihrer Struktur erhalten. Sie verteilen sich lediglich im Wasser (molekulardisperses System). Hierbei sind nur die relativ schwachen zwischenmolekularen Wechselwirkungen zu überwinden, so daß auch nur geringe Solvatationsenthalpien erforderlich sind. Die Hydratation beruht in diesem Fall auf Dipol-Dipol-Wechselwirkungen (z.B. beim Auflösen von Molekülen mit permanentem Dipolmoment) oder auf Wasserstoffbrückenbindungen. In beiden Fällen ist dafür eine entsprechende Polarität des aufzulösenden Moleküls Voraussetzung. Dementsprechend löst Wasser bevorzugt polare Verbindungen. Bei unpolaren Molekülen sind die Wechselwirkungen mit den Wassermolekülen so gering, daß praktisch Unlöslichkeit resultiert. Dennoch auftretende geringe Löslichkeiten unpolarer Verbindungen sind auf einen Entropiegewinn infolge der Dispersion zurückzuführen.

3.2 Konzentrationen und Aktivitäten

Das quantitative Maß für den Gehalt eines Wassers an einem bestimmten Inhaltsstoff ist die über geeignete Analysenverfahren zu ermittelnde Konzentration (siehe auch Anhang). In der Praxis wird die Konzentration meist als Massenkonzentration (g gelöster Stoff pro L Lösung) angegeben, während für physikalisch-chemische Berechnungen häufig die Verwendung der Stoffmengenkonzentrationen Molarität (mol gelöster Stoff pro L Lösung) oder Molalität (mol gelöster Stoff pro kg Lösungsmittel) notwendig ist. Über die Definition der Basiseinheit der Stoffmenge (1 mol = $6{,}022 \cdot 10^{23}$ Teilchen) wird damit - unabhängig von der stofflichen Natur des gelösten Stoffes - ein unmittelbarer Bezug zu der in der Lösung vorhanden Teilchenzahl hergestellt. Für einen Stoff mit bekannter molarer Masse M ist eine Umrechnung der Masse m in die Stoffmenge n über die bekannte Beziehung

$$n = \frac{m}{M} \tag{3.3}$$

leicht möglich. Da die Inhaltsstoffe natürlicher Wässer oft in sehr geringen Konzentrationen vorliegen, werden in der Wasserchemie anstelle der Basiseinheiten für Masse und Stoffmenge häufig Bruchteile derselben (z.B. mg, μg, mmol) verwendet.
Für Spurenstoffe sind auch die Einheiten ppm (engl. parts per million = Teile pro 1 Million Teile), ppb (engl. parts per billion = Teile pro 1 Milliarde Teile) oder ppt (engl. parts per trillion = Teile pro 1 Billion Teile) gebräuchlich. Es gelten folgende Umrechnungen:

1 ppm = 1 mg/kg $\approx$ 1 mg/L
1 ppb = 1 μg/kg $\approx$ 1 μg/L
1 ppt = 1 ng/kg $\approx$ 1 ng/L.

Diese Einheiten leiten sich von den Masseanteilen (Masse gelöster Stoff pro Masse Lösung) bzw. Masseprozenten (Masseanteil $\times$ 100) ab. Volumenanteile sind in der Wasserchemie kaum üblich. Für thermodynamische Berechnungen ist mitunter der Stoffmengenanteil x_i (Molenbruch) zu verwenden. Er ist definiert nach

$$x_i = \frac{n_i}{\sum n} \qquad\qquad (3.4)$$

n_i - Stoffmenge des gelösten Stoffes i, Σ n - gesamte Stoffmenge in der Lösung.

Für wasserchemische Berechnungen ist es oft hilfreich, Äquivalentkonzentrationen, die die stöchiometrischen Wertigkeiten (bei Ionen = Ladung z) berücksichtigen, zu verwenden. Da Äquivalentkonzentrationen heute auch in mol/L angegeben werden (früher val/L), wird zur Unterscheidung von den molaren Konzentrationen die Bezeichnung c(1/z Ion) verwendet. Für die Umrechnung von molaren Konzentrationen in Äquivalentkonzentrationen gilt

$$c(\frac{1}{z}\,\mathrm{Ion}) = z\; c(\mathrm{Ion}) \; , \qquad\qquad (3.5)$$

zum Beispiel für Ca^{2+}

$$c(\frac{1}{2}\mathrm{Ca}^{2+}) = 2\; c(\mathrm{Ca}^{2+}) \; . \qquad\qquad (3.6)$$

Ein Beispiel für die Anwendung von Äquivalentkonzentrationen ist die Aufstellung von Ionenbilanzen. Da in einem Wasser immer Elektroneutralität herrscht, muß auch gelten, daß die Summe der Kationenäquivalente gleich der Summe der Anionenäquivalente ist. Damit ist eine Möglichkeit gegeben, Wasseranalysen zu überprüfen. Größere Differenzen bei der Bilanzierung weisen auf Analysenfehler oder das Nichterfassen einer oder mehrerer ionischer Hauptkomponenten hin.
Von den Konzentrationen streng zu unterscheiden sind die Aktivitäten, die als wirksame (effektive, korrigierte) Konzentrationen aufzufassen sind. Mit ihrer Verwendung bei physikalisch-chemischen Berechnungen wird den Wechselwirkungen zwischen den Teilchen in realen Gemischsystemen Rechnung getragen. Der Zusammenhang zwischen Konzentration c und Aktivität a ist gegeben durch

$$a = \gamma \; c \; , \qquad\qquad (3.7)$$

wobei γ als Aktivitätskoeffizient bezeichnet wird. Die exakte Formulierung von thermodynamischen Gesetzen zur Beschreibung von Gleichgewichten in oder unter Beteiligung von realen wäßrigen Lösungen erfordert die Verwendung von Aktivitäten anstelle von Konzentrationen. Das wirft die Frage nach Möglichkeiten zur Bestimmung der Aktivitäten oder zumindest der Aktivitätskoeffizienten auf. Da im Rahmen dieser Einführung nicht auf alle Möglichkeiten eingegangen werden kann, soll an dieser Stelle lediglich eine häufig benutzte Methode zur Abschätzung von Aktivitätskoeffizienten erwähnt werden. Die meisten der in höheren Konzentrationen in Wässern vorliegenden Inhaltsstoffe sind Elektrolyte (z.B. gelöste Salze) und liegen im Wasser dissoziiert vor. Man kann daher auf die DEBYE-HÜCKEL-Theorie für starke Elektrolyte zurückgreifen, aus der sich die folgende Näherung zur Berechnung von Aktivitätskoeffizienten ergibt:

$$- \ln \gamma_i = A \, z_i^2 \, \sqrt{I} \tag{3.8}$$

z_i - *Ladung, A - Konstante (1,173 für Wasser bei 25 °C), I - Ionenstärke (in mol/kg).*

Die Ionenstärke ist eine summarische Kenngröße, die die Konzentrationen (Molalitäten c_m) und Ladungen aller Teilchen in der Lösung zusammenfaßt:

$$I = 0,5 \sum_i c_{m_i} \, z_i^2 \, . \tag{3.9}$$

Die Berechnung der Ionenstärke nach dieser Gleichung setzt voraus, daß die Konzentrationen aller Ionen (zumindest aller ionischen Hauptinhaltsstoffe) im untersuchten Wasser bekannt sind. Für einfache Abschätzungen kann man auf empirische Korrelationen zwischen der Ionenstärke und summarischen Größen für den Gehalt an Ionen (z.B. Abdampfrückstand, elektrische Leitfähigkeit) zurückgreifen.
Die DEBYE-HÜCKEL-Näherung ist in ihrer Anwendung auf Ionenstärken <0,001 mol/kg begrenzt. Es gibt eine Reihe modifizierter Gleichungen, die den Anwendungsbereich in Richtung höherer Ionenstärken erweitern. Beispielhaft soll hier nur die DAVIES-Näherung angegeben werden, die bis zu Ionenstärken von 0,5 mol/kg anwendbar ist.

$$-\ln \gamma_i = A\, z_i^2 \left(\frac{\sqrt{I}}{1+\sqrt{I}} - 0{,}2\, I \right) \tag{3.10}$$

In verdünnten Lösungen gehen die Aktivitätskoeffizienten gegen 1, so daß für physikalisch-chemische Berechnungen anstelle der Aktivitäten näherungsweise die Konzentrationen verwendet werden können. Zur Vereinfachung werden die Gleichungen im folgenden in der Regel unter Verwendung der Konzentrationen formuliert.

3.3 Kolligative Eigenschaften

Die Anwesenheit gelöster Stoffe beeinflußt nicht nur - wie in Abschnitt 3.1 gezeigt - die Struktur des Lösungsmittels Wasser, sondern auch dessen physikalische Eigenschaften. Das soll im folgenden am Beispiel der kolligativen Eigenschaften näher betrachtet werden.
Unter kolligativen Eigenschaften versteht man Eigenschaften von Lösungen, die nur von der Anzahl der gelösten Teilchen, nicht aber von deren chemischer Natur abhängig sind. Zu den kolligativen Eigenschaften zählen die Dampfdruckerniedrigung, die Siedepunktserhöhung, die Gefrierpunktserniedrigung und der osmotische Druck.
Lösungen, bei denen nur das Lösungsmittel merklich flüchtig ist, weisen bei gleicher Temperatur stets einen geringeren Dampfdruck auf als das reine Lösungsmittel. Dies gilt natürlich auch für die hier interessierenden wäßrigen Lösungen. Die relative Dampfdruckerniedrigung ist der Konzentration des gelösten Stoffes, hier ausgedrückt als Molenbruch (Stoffmengenanteil) des gelösten Stoffes, proportional:

$$\frac{\Delta p}{p_{01}} = x_2 \tag{3.11}$$

Δp - *Dampfdruckerniedrigung*, p_{01} - *Dampfdruck des Lösungsmittels (hier Wasser)*, x_2 - *Molenbruch des gelösten Stoffes.*

Wie aus Abbildung 2.4 (Abschn. 2.2) abzuleiten ist, resultiert daraus eine Verschiebung der Dampfdruckkurve nach rechts, was bei gegebenem Druck eine Erhöhung des Siedepunkts zur Folge hat. Gleichzeitig trifft die veränderte Dampfdruckkurve erst bei niedrigeren Temperaturen auf die Sublimationsdruckkurve, so daß sich in der Folge der Schmelz- bzw. Gefrierpunkt in Richtung niedrigerer Temperaturen verschiebt.

Die Siedepunktserhöhung ergibt sich zu

$$\Delta T = K_{eb}\ c_m \tag{3.12}$$

K_{eb} - *ebullioskopische Konstante (0,513 K kg mol^{-1} für Wasser)*, c_m - *Konzentration in mol kg^{-1} (Molalität)*.

Für die Gefrierpunktserniedrigung gilt analog

$$\Delta T = K_{kr}\ c_m \tag{3.13}$$

K_{kr} - *kryoskopische Konstante (-1,86 K kg mol^{-1} für Wasser)*.

Die angegebenen Gleichungen zeigen zunächst die prinzipielle Abhängigkeit der Dampfdruckerniedrigung, Siedepunktserhöhung und Gefrierpunktserniedrigung von der Teilchenzahl, ausgedrückt durch die Konzentration (Stoffmengenanteil, Molalität) des gelösten Stoffes. Enthält die Lösung mehrere gelöste Stoffe, so ist über alle Konzentrationen zu summieren. Außerdem ist zu berücksichtigen, daß Elektrolyte im Wasser teilweise oder vollständig dissoziieren, wodurch sich die Teilchenzahl erhöht. Um dem Rechnung zu tragen, sind die Konzentrationen mit dem VAN'T HOFFschen Faktor i zu multiplizieren. Der Faktor i kann aus der Zahl der Teilchen pro Formeleinheit ν und dem Dissoziationsgrad α ermittelt werden:

$$i = 1 + (\nu - 1)\alpha\ . \tag{3.14}$$

Für Natriumchlorid, das vollständig dissoziiert (α = 1) und dabei zwei Teilchen pro Formeleinheit (Na$^+$ und Cl$^-$) bildet (ν = 2), ergibt sich somit i = 2, d.h., die Stoffkonzentration wäre in diesem Fall mit dem Faktor 2 zu multiplizieren. Auch für die Berechnung der kolligativen Eigenschaften gilt natürlich, daß bei höheren Konzentrationen die Aktivitäten anstelle der Konzentrationen zu verwenden sind (Abschn. 3.2).

Insbesondere die Gefrierpunktserniedrigung hat für natürliche Gewässer Bedeutung. Da diese immer gelöste Stoffe enthalten, weicht ihr Gefrierpunkt mehr oder weniger stark von dem des reinen Wassers ab. Für Meerwasser ergibt sich zum Beispiel unter Berücksichtigung der Aktivitätskorrektur eine Gefrierpunktserniedrigung von 2,3 K. Praktische Anwendung findet der Effekt der Gefrierpunktserniedrigung beim Einsatz von Gefrierschutz- und Auftaumitteln.

Der osmotische Druck zählt ebenfalls zu den kolligativen Eigenschaften. Unter Osmose versteht man die spontane Wanderung von Lösungsmittelmolekülen aus einem Lösungsmittelreservoir durch eine semipermeable Membran in eine konzentrierte Lösung, die dabei verdünnt wird. Der Prozeß endet in einem Gleichgewichtszustand, der durch einen bestimmten Überdruck π, den osmotischen Druck, charakterisiert ist. Der osmotische Druck ist von der Temperatur und der molaren Konzentration des gelösten Stoffes abhängig:

$$\pi = c\,R\,T \tag{3.15}$$

R - allgemeine Gaskonstante.

Auch in dieser Gleichung sind gegebenenfalls der VAN'T HOFFsche Faktor i und der Aktivitätskoeffizient zu berücksichtigen.

Der osmotische Druck regelt in pflanzlichen und tierischen Zellen die Wasseraufnahme. Die Richtung des Lösungsmitteltransports durch die Membran kann auch umgekehrt werden. Dazu muß auf das System ein äußerer Druck ausgeübt werden, der größer ist als der osmotische Druck. Auf diese Weise kann aus einer wäßrigen Lösung weitgehend reines Wasser gewonnen werden, zurück bleibt eine aufkonzentrierte Lösung. Dieser Prozeß der umgekehrten Osmose (Reversosmose) kann zum Beispiel zur Reinstwassererzeugung oder zur Meerwasserentsalzung genutzt werden.

Osmotische Drücke weisen oft recht hohe Werte auf. So beträgt der osmotische Druck von Meerwasser ca. 30 bar.

4 Reaktionen in wäßrigen Systemen

4.1 Einführung

Die im folgenden zu behandelnden Reaktionen in aquatischen Systemen verlaufen in der Regel nicht vollständig, sondern enden in Gleichgewichtszuständen, die dadurch charakterisiert sind, daß sowohl Ausgangsstoffe als auch Produkte der Reaktionen nebeneinander vorliegen und ihre Konzentrationen in einem bestimmten Verhältnis zueinander stehen. Die chemische Thermodynamik bietet mit dem Massenwirkungsgesetz (MWG) eine Möglichkeit, derartige Gleichgewichtszustände quantitativ zu beschreiben.
Für eine allgemeine Reaktion

$$\nu_A \, A + \nu_B \, B \; \rightleftharpoons \; \nu_C \, C + \nu_D \, D \tag{4.1}$$

lautet das Massenwirkungsgesetz unter Verwendung von Aktivitäten (Abschn. 3.2):

$$K^* = \frac{a(C)^{\nu_C} \, a(D)^{\nu_D}}{a(A)^{\nu_A} \, a(B)^{\nu_B}} \; . \tag{4.2}$$

K* wird als thermodynamische Gleichgewichtskonstante bezeichnet. Unter der Bedingung, daß die Aktivitätskoeffizienten gegen 1 gehen und die Aktivitäten durch die molaren Konzentrationen ersetzt werden können (Grenzfall: ideal verdünnte Lösung), ergibt sich das Massenwirkungsgesetz mit der konventionellen Gleichgewichtskonstante K:

$$K = \frac{c(C)^{\nu_C} \, c(D)^{\nu_D}}{c(A)^{\nu_A} \, c(B)^{\nu_B}} \; . \tag{4.3}$$

Hierbei wurde zunächst stillschweigend vorausgesetzt, daß es sich bei den Aktivitäten in Gleichung (4.2) um Konzentrationsaktivitäten handelt. Prinzipiell können natürlich auch Molenbruchaktivitäten oder - speziell bei gasförmigen Komponenten - Fugazitäten (korrigierte Partialdrücke) verwendet werden. Beim Übergang zu den konventionellen Gleichgewichtskonstanten sind dann entsprechend Molenbrüche oder Partialdrücke (siehe auch Anhang) zu formulieren. Darüber hinaus ist auch die gleichzeitige Verwendung unterschiedlicher Aktivitäten bzw. Konzentrationsgrößen für die einzelnen Reaktionspartner möglich. Bei der Anwendung von Gleichgewichtskonstanten für Berechnungen ist daher stets ihre konkrete Definition zu beachten. Gleichgewichtskonstanten sind temperaturabhängig. Ist keine Temperatur ausgewiesen, bezieht sich die Angabe der Konstanten in der Regel auf 25 °C. Die Gleichgewichtsbeziehungen, die in den folgenden Abschnitten vorgestellt werden, sind - mit Ausnahme der mehrparametrigen Adsorptionsisothermen - Spezialfälle der hier gezeigten allgemeinen Form des Massenwirkungsgesetzes.

Das Massenwirkungsgesetz beschreibt für eine betrachtete Reaktion den thermodynamisch möglichen Gleichgewichtszustand, der allerdings in aquatischen Systemen nicht unbedingt jederzeit vorliegen muß. Wird ein Gleichgewichtszustand gestört, z.B. durch Änderung der Temperatur oder der Konzentrationen einzelner Komponenten, so benötigt das System eine mehr oder weniger lange Zeit, um wieder einen neuen Gleichgewichtszustand zu erreichen. Die Zeit, die zur Gleichgewichtseinstellung notwendig ist, wird durch die Reaktionsgeschwindigkeit oder durch Transportprozesse (z.B. Diffusion) bestimmt. Während zum Beispiel Säure-Base-Reaktionen relativ schnell ablaufen, kann die Einstellung von Gas-Wasser-Verteilungsgleichgewichten durchaus längere Zeiten in Anspruch nehmen. Auf diese kinetischen Aspekte kann im Rahmen dieser Einführung nicht näher eingegangen werden. Hierzu sei auf die Spezialliteratur verwiesen, z.B. [SIG 1995], [STU 1990].

Ein prinzipieller Weg, das Vorliegen eines Gleichgewichtszustandes zu prüfen, besteht darin, die aktuellen Konzentrationen in die rechte Seite des MWG einzusetzen und den so erhaltenen Reaktionsquotienten mit der Konstante K zu vergleichen. Für den Fall, daß beide Größen nicht identisch sind, also kein Gleichgewicht vorliegt, gibt dieser Vergleich auch Aufschluß darüber, in welcher Richtung sich die Konzentrationen der beteiligten Komponenten ändern müssen, damit das System in den Gleichgewichtszustand gelangt. Auf diese Weise sind also auch Aussagen über die Richtung einer Reaktion (bezogen auf eine formulierte Reaktionsgleichung) möglich.

4.2 Löslichkeit von Gasen

Gewässer, die mit der Atmosphäre im Kontakt stehen, können aus dieser Gase aufnehmen bzw. Gase an diese abgeben. Dies betrifft in erster Linie die Luftbestandteile Stickstoff, Sauerstoff und Kohlendioxid, daneben aber auch andere Gase aus natürlichen und anthropogenen Quellen. In den aquatischen Systemen selbst werden Gase bei biologischen Prozessen verbraucht bzw. produziert. Ein typisches Beispiel ist die aerobe Atmung aquatischer Organismen, bei der organische Substanzen durch Sauerstoff zu Kohlendioxid und Wasser oxidiert werden. Weitere gasförmige Komponenten biochemischer Stoffkreisläufe in der Hydrosphäre sind Stickstoff (als Produkt der Denitrifikation/Nitratatmung), Ammoniak, Schwefelwasserstoff und Methan. Die drei letztgenannten treten unter anderem als Produkte anaerober Abbauprozesse auf, sind darüber hinaus aber auch an weiteren biologischen und chemischen Prozessen beteiligt. Gleiches gilt auch für das Kohlendioxid. Auf die Bedeutung der gelösten Gase wird im Kapitel 5 näher eingegangen.

Die Löslichkeit von Gasen kann mit dem HENRYschen Gesetz beschrieben werden. Danach gilt für das Gleichgewicht zwischen Gas- und Flüssigphase, daß die Konzentration c_i des gelösten Gases im Wasser proportional dem Partialdruck p_i des Gases über der Lösung ist:

$$c_i = H_i \, p_i \tag{4.4}$$

H - HENRY-Koeffizient (temperaturabhängig).

Tabelle 4.1 enthält HENRY-Koeffizienten für einige Gase.

Da der Partialdruck p_i gleich dem mit dem Stoffmengenanteil (Molenbruch) des Gases y_i multiplizierten Gesamtdruck P ist, kann Gleichung (4.4) auch in der Form

$$c_i = H_i \, y_i \, P \tag{4.5}$$

geschrieben werden.

Unter der Annahme, daß die Luft als ideales Gasgemisch betrachtet werden kann, können die Stoffmengenanteile der Luftbestandteile den Volumenanteilen gleichgesetzt werden. Für einen Atmosphärendruck (Gesamtdruck) von 1 bar und Temperaturen von 10 °C bzw. 25 °C ergeben sich dann unter Benutzung der entsprechenden HENRY-Koeffizienten die in Tabelle 4.2 aufgeführten Gleichgewichtslöslichkeiten der Luftbestandteile Sauerstoff, Stickstoff und Kohlendioxid.

Tabelle 4.1: HENRY-Koeffizienten ausgewählter Gase

Gas	Temperatur in °C	HENRY-Koeffizient in $mol\ m^{-3}\ bar^{-1}$
N_2	10	0,828
N_2	25	0,646
O_2	10	1,674
O_2	25	1,247
CO_2	10	52,47
CO_2	25	33,42
H_2S	25	102,2
NH_3	25	59880,2

Tabelle 4.2: Löslichkeit der Luftkomponenten Stickstoff, Sauerstoff und Kohlendioxid in Wasser bei Atmosphärendruck (1 bar)

Gas	p_i in bar	Temperatur in °C	Sättigungskonzentration in mol/m^3	mg/L
N_2	0,781	10	0,647	18,11
N_2	0,781	25	0,505	14,13
O_2	0,209	10	0,35	11,2
O_2	0,209	25	0,261	8,35
CO_2	0,00035	10	0,0184	0,808
CO_2	0,00035	25	0,0117	0,515

4.3   Säure-Base-Gleichgewichte

4.3.1   Allgemeines

Sowohl das Wasser selbst als auch viele Wasserinhaltsstoffe sind Säuren oder Basen im Sinne der BRÖNSTEDschen Säure-Base-Theorie. Nach dieser Säure-Base-Theorie sind Säuren und Basen über die Fähigkeit zur Abgabe oder Aufnahme von Protonen (H^+) definiert. Für eine Säure (Protonendonator) HA gilt allgemein

$$HA \rightleftharpoons H^+ + A^- , \tag{4.6}$$

für eine Base (Protonenakzeptor) B entsprechend

$$B + H^+ \rightleftharpoons BH^+ . \tag{4.7}$$

Wasser kann als Säure oder als Base reagieren:

$$H_2O \rightleftharpoons H^+ + OH^- \tag{4.8}$$

$$H_2O + H^+ \rightleftharpoons H_3O^+ . \tag{4.9}$$

Zwischen einer Säure (S) und der korrespondierenden Base (B) besteht der Zusammenhang

$$S \rightleftharpoons H^+ + B . \tag{4.10}$$

Dementsprechend ist A^- in Gleichung (4.6) die korrespondierende Base zur Säure HA, BH^+ in Gleichung (4.7) die korrespondierende Säure zur Base B. Ein vollständiges Säure-Base-Gleichgewicht besteht aus zwei korrespondierenden Säure-Base-Paaren

$$S_1 + B_2 \rightleftharpoons B_1 + S_2 . \tag{4.11}$$

Im einfachsten Fall stellt das Wasser die zweite Komponente dar:

$$HA + H_2O \rightleftharpoons H_3O^+ + A^- \qquad\qquad\qquad (4.12)$$

$$B + H_2O \rightleftharpoons BH^+ + OH^- \qquad\qquad\qquad (4.13)$$

oder

$$B + H_3O^+ \rightleftharpoons BH^+ + H_2O \,. \qquad\qquad\qquad (4.14)$$

Wie aus den angegebenen Reaktionsgleichungen hervorgeht, besteht zwischen der Lage von Säure-Base-Gleichgewichten und der Konzentration (genauer Aktivität) der Wasserstoffionen, in der Regel angegeben als pH-Wert

$$pH = -\lg c(H^+) \,, \qquad\qquad\qquad (4.15)$$

ein enger Zusammenhang. Der pH-Wert eines Wassers wird durch die Gesamtheit der darin ablaufenden Säure-Base-Reaktionen bestimmt. Andererseits kann man bei bekanntem pH-Wert mit Hilfe des Massenwirkungsgesetzes Aussagen über die Konzentrationsverhältnisse von Spezies, die an den Säure-Base-Gleichgewichten beteiligt sind, treffen. Wegen seiner überragenden Bedeutung für die Charakterisierung der Verhältnisse in aquatischen Systemen wird der pH-Wert häufig als Mastervariable bezeichnet.
In den folgenden Abschnitten sollen einige wichtige Gleichgewichtsbeziehungen näher erläutert werden. Zum besseren Verständnis muß aber bereits an dieser Stelle auf einige Besonderheiten und Konventionen bei der Formulierung der entsprechenden Massenwirkungsgesetze hingewiesen werden.
Die Gleichung (4.9) beschreibt formal die Hydratisierung des Protons durch ein Wassermolekül. Tatsächlich können an dieser Hydratisierung auch mehrere - über Wasserstoffbrückenbindungen verknüpfte - Moleküle teilnehmen. Da die genaue Hydratationszahl nicht bekannt ist, schreibt man im allgemeinen auch für das hydratisierte Proton vereinfachend H^+ (Abschn. 3.1).
In den betrachteten Systemen liegt das Lösungsmittel Wasser im Vergleich zu den anderen Teilchen im großen Überschuß vor. Das bedeutet, daß auch

bei Beteiligung des Wassers an den Säure-Base-Reaktionen die Konzentration des undissoziierten Wassers $c(H_2O)$ als konstant angenommen werden kann. Definitionsgemäß wird deshalb die Konzentration des Wassers in die jeweilige Gleichgewichtskonstante einbezogen.

4.3.2 Ionenprodukt des Wassers

Reines Wasser liegt in geringem Umfang in dissoziierter Form vor. Das entsprechende Gleichgewicht (Gl.(4.8)) wird definitionsgemäß durch das Ionenprodukt des Wassers K_W beschrieben:

$$K_W = c(H^+)\, c(OH^-) \, . \tag{4.16}$$

Die temperaturabhängige Konstante K_W hat bei 25 °C den Wert $1 \cdot 10^{-14}$ mol^2/L^2.

Definiert man analog zum pH-Wert für die anderen Größen ebenfalls Exponenten der Form

$$pX = -\lg c(X), \tag{4.17}$$

$$pK = -\lg K \tag{4.18}$$

so gilt

$$pK_W = pH + pOH \tag{4.19}$$

mit $pK_W = 14$ bei 25 °C. Die pK_W-Werte für einige andere Temperaturen sind in der Tabelle 4.3 aufgeführt.
Dieses Gleichgewicht bildet die Grundlage für die allgemein gebräuchliche pH-Wert-Skala, die zwischen 0 und 14 verläuft. Der zugehörige pOH-Wert ergibt sich jeweils aus der Differenz zu 14. Für den Neutralpunkt des reinen Wassers gilt dann bei 25 °C:

$$c(H^+) = c(OH^-) = 1 \cdot 10^{-7} \ mol / L \tag{4.20}$$

bzw.

$$pH = pOH = 7. \tag{4.21}$$

Tabelle 4.3: Ionenprodukt des Wassers in Abhängigkeit von der Temperatur

Temperatur in °C	pK_W
5	14,73
10	14,53
15	14,35
20	14,19
25	14,00
30	13,84
35	13,69
40	13,54

4.3.3 Säuren und Basen

Formuliert man das Massenwirkungsgesetz für die Reaktion einer Säure mit Wasser (Gl. (4.12)), so ergibt sich

$$K = \frac{c(H_3O^+) \; c(A^-)}{c(H_2O) \; c(HA)}. \tag{4.22}$$

Unter Berücksichtigung der in Abschnitt 4.3.1 angegebenen Konventionen gilt

$$K_S = \frac{c(H^+) \; c(A^-)}{c(HA)}. \tag{4.23}$$

Die so definierte Gleichgewichtskonstante K_S wird als Säurekonstante (auch Säuredissoziationskonstante) bezeichnet. Sie ist ein Maß für die Dissoziation und damit für die Stärke der Säure. Eine Säure ist um so stärker, je größer K_S

bzw. je kleiner pK_S ist. Starke Säuren liegen praktisch vollständig dissoziiert vor, während schwache Säuren nur in geringem Maße in Protonen und Anionen zerfallen. Anstelle der Säurekonstanten werden häufig auch die nach der allgemeinen Gleichung (4.18) definierten pK_S-Werte angegeben. Die Tabelle 4.4 enthält einige Beispiele für Säurekonstanten.

Tabelle 4.4: pK_S-Werte ausgewählter Säuren bei 25 °C

Säure		pK_S
HCl	Salzsäure	~ -6
H_2SO_4	Schwefelsäure	~ -3
HNO_3	Salpetersäure	~ -1
HSO_4^-	Hydrogensulfation	1,9
H_3PO_4	Phosphorsäure	2,1
$[Fe(H_2O)_6]^{3+}$	Hexaquoeisenion	2,2
HCOOH	Ameisensäure	3,7
CH_3COOH	Essigsäure	4,7
$[Al(H_2O)_6]^{3+}$	Hexaquoaluminiumion	4,9
$CO_{2(aq)}$	"Kohlensäure"	6,3
H_2S	Schwefelwasserstoff	7,1
$H_2PO_4^-$	Dihydrogenphosphation	7,2
H_3BO_3	Borsäure	9,3
NH_4^+	Ammoniumion	9,3
$Si(OH)_4$	Kieselsäure	9,5
C_6H_5OH	Phenol	9,9
HCO_3^-	Hydrogencarbonation	10,3
HPO_4^{2-}	Hydrogenphosphation	12,4
$SiO(OH)_3^-$	Silication	12,6
HS^-	Hydrogensulfidion	12,9
H_2O	Wasser	15,7

Die Tabelle zeigt, daß der BRÖNSTEDsche Säurebegriff nicht auf neutrale Moleküle beschränkt ist, sondern auch Kationen oder Anionen umfaßt, wenn diese die Fähigkeit zur Protonenabgabe besitzen. Analoges gilt auch für Basen (Protonenakzeptoren).

Die in der Tabelle angegebene Konstante für Wasser basiert auf der Definition entsprechend Gleichung (4.23) mit $c(H_2O)$ im Nenner und unterscheidet sich demzufolge vom Ionenprodukt des Wassers (Gl. (4.16)). Da wegen der nur geringen Dissoziation das betrachtete System nahezu vollständig aus undissoziiertem Wasser besteht, kann als formale Konzentration des Wassers dessen Dichte (1000 g/L) verwendet werden. Mit der molaren Masse (18 g/mol) ergibt sich dann $c(H_2O) = 55{,}5$ mol/L als Umrechnungsfaktor für die beiden Konstanten:

$$K_W = K_S(H_2O)\ c(H_2O). \qquad\qquad (4.24)$$

Die für die Kohlensäure bzw. CO_2 $_{(aq)}$ angegebene Konstante bezieht sich auf die analytische Summe von „wahrer" Kohlensäure H_2CO_3 und gelöstem CO_2.
Aus Gleichung (4.23) folgt

$$pH = pK_S + \lg \frac{c(A^-)}{c(HA)}. \qquad\qquad (4.25)$$

Mit Hilfe dieser Gleichung ist es möglich, bei bekanntem pK_S-Wert den Zusammenhang zwischen dem pH-Wert und dem Verhältnis der Konzentrationen von undissoziierter Säure und korrespondierender Base (Anion) zu berechnen. Unabhängig vom konkreten Säure-Base-Gleichgewicht lassen sich folgende allgemeingültige Aussagen ableiten:
Bei $pH = pK_S$ gilt $c(HA) = c(A^-)$, das heißt, die Säure liegt zu 50 % in dissoziierter Form vor. Der Dissoziationsgrad α, definiert nach

$$\alpha = \frac{c(A^-)}{c(A^-) + c(HA)}, \qquad\qquad (4.26)$$

beträgt 0,5. Unterhalb von $pH = pK_S - 2$ liegt die Säure nahezu ausschließlich undissoziiert ($c(A^-)\,/\,c(HA) = 1/100$ bzw. $\alpha \approx 0{,}01$), oberhalb von $pH = pK_S + 2$ dagegen fast vollständig dissoziiert ($c(A^-)\,/\,c(HA) = 100$ bzw. $\alpha \approx 0{,}99$) vor. Abbildung 4.1 zeigt als Beispiel das nach Gleichung (4.23) bzw. Gleichung (4.25) berechnete Gleichgewicht zwischen der Kationsäure NH_4^+ und der korrespondierenden Base NH_3.

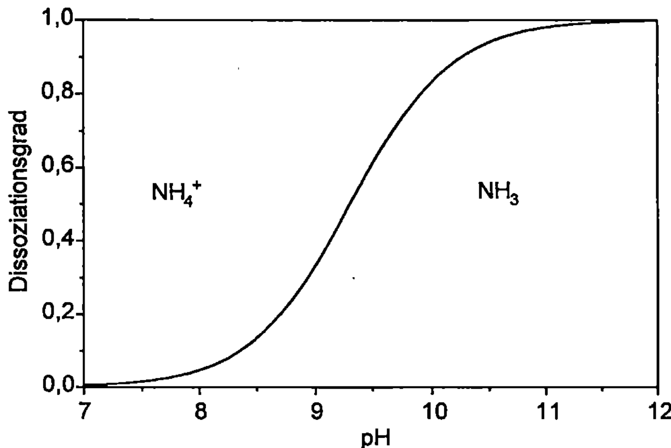

Abb. 4.1: Säure-Base-Gleichgewicht NH_4^+/NH_3 ($pK_S = 9{,}3$)

Für mehrprotonige Säuren, die stufenweise dissoziieren, sind die entsprechenden Dissoziationsgleichgewichte zunächst für jede Stufe getrennt zu formulieren. Als Beispiel soll hier das für natürliche Gewässer bedeutsame System $CO_{2\,(aq)}$ - H_2O (ohne Berücksichtigung möglicher Wechselwirkungen mit festen und gasförmigen Phasen) betrachtet werden. Die Gleichgewichtsbeziehungen für die beiden Teilreaktionen

$$CO_2 + 2\,H_2O \rightleftharpoons H_3O^+ + HCO_3^- \quad \text{oder} \quad CO_2 + H_2O \rightleftharpoons H^+ + HCO_3^- \qquad (4.27)$$

$$HCO_3^- + H_2O \rightleftharpoons H_3O^+ + CO_3^{2-} \quad \text{oder} \quad HCO_3^- \rightleftharpoons H^+ + CO_3^{2-} \qquad (4.28)$$

lauten

$$K_{S\,1} = \frac{c(H^+)\;c(HCO_3^-)}{c(CO_2)} \qquad (4.29)$$

$$K_{S\,2} = \frac{c(H^+)\;c(CO_3^{2-})}{c(HCO_3^-)}\;. \qquad (4.30)$$

Für die Summe der Konzentrationen aller anorganischen Kohlenstoffspezies in diesem System gilt:

$$c(\mathrm{C}) = c(\mathrm{CO_2}) + c(\mathrm{HCO_3^-}) + c(\mathrm{CO_3^{2-}}). \tag{4.31}$$

Durch Kombination der Gleichungen (4.29)-(4.31) lassen sich unter Verwendung der Säurekonstanten (Tab. 4.4) die Anteile f der einzelnen Spezies an der Gesamtkonzentration c(C) in Abhängigkeit vom pH-Wert berechnen:

$$f(\mathrm{CO_2}) = \frac{c(\mathrm{CO_2})}{c(\mathrm{C})} = \frac{1}{1 + \dfrac{K_{S1}}{c(\mathrm{H^+})} + \dfrac{K_{S1}\,K_{S2}}{c(\mathrm{H^+})^2}} \tag{4.32}$$

$$f(\mathrm{HCO_3^-}) = \frac{c(\mathrm{HCO_3^-})}{c(\mathrm{C})} = f(\mathrm{CO_2})\,\frac{K_{S1}}{c(\mathrm{H^+})} \tag{4.33}$$

$$f(\mathrm{CO_3^{2-}}) = \frac{c(\mathrm{CO_3^{2-}})}{c(\mathrm{C})} = f(\mathrm{HCO_3^-})\,\frac{K_{S2}}{c(\mathrm{H^+})}. \tag{4.34}$$

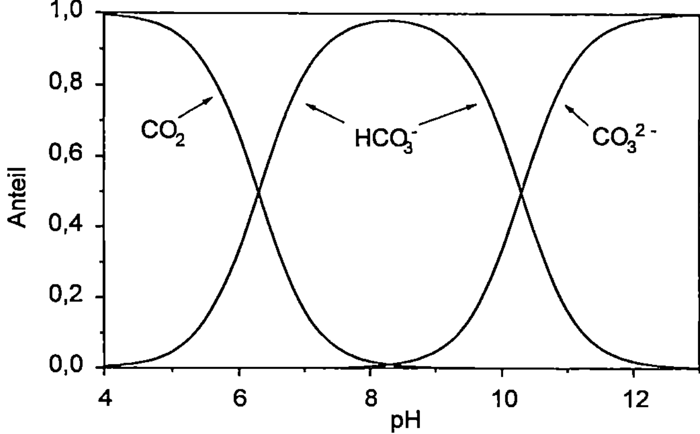

Abb. 4.2: Anteile von CO_2, HCO_3^- und CO_3^{2-} an der Gesamtkonzentration der gelösten anorganischen Kohlenstoffverbindungen in Abhängigkeit vom pH-Wert

Daraus ergibt sich die in Abbildung 4.2 dargestellte Verteilung in Abhängigkeit vom pH-Wert, aus der sich z.B. ableiten läßt, daß im mittleren pH-Bereich Hydrogencarbonationen dominieren, während das Existenzgebiet des CO_2 im sauren und das des Carbonats im alkalischen Bereich liegt.
Für Basen lassen sich analoge Beziehungen herleiten. Aus dem Massenwirkungsgesetz für die Reaktion einer Base mit Wasser (Gl.(4.13))

$$K = \frac{c(BH^+)\ c(OH^-)}{c(B)\ c(H_2O)} \qquad (4.35)$$

ergibt sich unter Einbeziehung der Wasserkonzentration in die Konstante die Definition der Basekonstante K_B

$$K_B = \frac{c(BH^+)\ c(OH^-)}{c(B)} \ . \qquad (4.36)$$

Zwischen Säure- und Basekonstante eines korrespondierenden Säure-Base-Paares besteht ein gesetzmäßiger Zusammenhang. Für die mit der Säure HA korrespondierende Base A^- kann Gleichung (4.36) in der Form

$$K_B = \frac{c(HA)\ c(OH^-)}{c(A^-)} \qquad (4.37)$$

geschrieben werden. Unter Berücksichtigung von Gleichung (4.16) folgt daraus, daß das Produkt aus Säure- und Basekonstante eines korrespondierenden Säure-Base-Paares gleich dem Ionenprodukt des Wassers ist:

$$K_S\ K_B = \frac{c(H^+)\ c(A^-)}{c(HA)} \ \frac{c(HA)\ c(OH^-)}{c(A^-)} = K_W \ . \qquad (4.38)$$

Unter Verwendung der pK-Werte gilt dann

$$pK_S + pK_B = pK_W \ . \qquad (4.39)$$

Definiert man eine Basekonstante entsprechend der Reaktionsgleichung (4.7), so erhält man

$$K_B^* = \frac{c(\mathrm{BH^+})}{c(\mathrm{B})\ c(\mathrm{H^+})} \cdot \tag{4.40}$$

Zwischen K_B und K_B^* besteht demzufolge der Zusammenhang:

$$K_B^* = \frac{K_B}{K_W} \cdot \tag{4.41}$$

4.3.4 Saure und basische Salze

Nicht nur Säuren und Basen beeinflussen den pH-Wert eines Wassers, auch Salze können in gelöster Form sauer oder basisch reagieren. Salze kann man sich - unabhängig von ihrer tatsächlichen Bildungsreaktion - immer als Produkt einer Neutralisationsreaktion zwischen einer Säure und einer Base vorstellen. Hinsichtlich der Säure- bzw. Basenstärke können dabei folgende Kombinationen unterschieden werden:

1. starke Säure + starke Base
2. starke Säure + schwache Base
3. schwache Säure + starke Base
4. schwache Säure + schwache Base.

Berücksichtigt man nun, daß starke Säuren und Basen vollständig dissoziieren, während sich bei schwachen Säuren bzw. Basen ein Gleichgewicht zwischen der Säure bzw. Base und dem Dissoziationsprodukt einstellt, kann man das Verhalten der Kationen und Anionen der im Wasser dissoziiert vorliegenden Salze qualitativ abschätzen.

Für Salze entsprechend der Kombination 1 werden weder Kation noch Anion mit dem Wasser unter Rückbildung der starken Säure und starken Base reagieren. Derartige Salze (z.B. NaCl) zeigen neutrales Verhalten.

Für die Kombinationen 2 und 3 gilt dagegen, daß die Kationen bzw. Anionen des schwachen Partners mit Wasser bis zur Einstellung des entsprechenden Säure-Base-Gleichgewichts reagieren. Die Ionen aus dem starken Partner bleiben dagegen vollständig dissoziiert. So reagiert z.B. das Ammoniumion aus dem Ammoniumchlorid nach

$$NH_4^+ + H_2O \rightleftharpoons NH_3 + H_3O^+ \tag{4.42}$$

unter Freisetzung von Protonen und das Acetatanion aus Natriumacetat nach

$$CH_3COO^- + H_2O \rightleftharpoons CH_3COOH + OH^- \tag{4.43}$$

unter Freisetzung von OH^--Ionen. Ammoniumchlorid ist dementsprechend ein saures, Natriumacetat ein basisches Salz. Die sich bei Auflösung derartiger Salze einstellenden pH-Werte können unter Berücksichtigung der Konstanten K_S bzw. K_B berechnet werden. Darauf soll hier allerdings nicht näher eingegangen werden.

Für die Kombination 4 ist eine einfache Abschätzung des Säure-Base-Verhaltens nicht möglich, da sowohl Kation wie auch Anion des Salzes in der oben beschriebenen Weise mit Wasser unter Freisetzung von Protonen und Hydroxidionen reagieren. In welchem Umfang dies erfolgt und welcher pH-Wert sich schließlich einstellt, hängt von den entsprechenden Konstanten K_S und K_B ab und kann nur durch eine exakte Gleichgewichtsberechnung ermittelt werden.

4.3.5 Puffersysteme

Puffersysteme sind spezielle Kombinationen gelöster Stoffe, die in der Lage sind, bis zu einem gewissen Maße (begrenzt durch die Pufferkapazität) den pH-Wert eines Wassers auch bei Zufuhr von Säuren oder Basen weitgehend konstant zu halten. Sie haben daher für die pH-Wert-Stabilität natürlicher Gewässer eine entscheidende Bedeutung.

Typische Puffersysteme sind Lösungen, die eine schwache Säure und ihre korrespondierende Base enthalten. Für die allgemeine Säure HA mit der korrespondierenden Base A^- kann die Pufferwirkung wie folgt beschrieben werden:

$$A^- + H^+ \rightleftharpoons HA \qquad\qquad\qquad\qquad (4.44)$$

$$HA + OH^- \rightleftharpoons A^- + H_2O \; . \qquad\qquad\qquad (4.45)$$

Das heißt, daß die Protonen der zugesetzten Säure durch die Anionen der Puffersäure gebunden werden und dabei die Konzentration der Puffersäure HA erhöhen und die Konzentration der korrespondierenden Base A^- verringern. Umgekehrtes gilt bei Zugabe einer Base (OH^--Ionen).
Mit Hilfe der Gleichgewichtsbeziehung

$$pH = pK_S + \lg \frac{c(A^-)}{c(HA)} \qquad\qquad\qquad (4.46)$$

läßt sich nachprüfen, daß bei konstanter Gesamtkonzentration an HA und A^- die durch Säure- bzw- Basenzufuhr hervorgerufenen Änderungen in den Konzentrationen von HA und A^- den pH-Wert dann am wenigsten beeinflussen, wenn HA und A^- vor der Pufferreaktion in äquivalenten Konzentrationen vorlagen. Die beste Pufferwirkung eines Puffersystems findet man deshalb bei $pH = pK_S$.
Hydrogencarbonat, das in vielen natürlichen Wässern in relativ hohen Konzentrationen vorliegt, hat als Bestandteil der beiden Puffersysteme CO_2/HCO_3^- und HCO_3^-/CO_3^{2-} eine besondere Bedeutung. Aus den allgemeinen Betrachtungen ist abzuleiten, daß Wässer durch das Kohlensäuresystem am besten bei $pH = pK_{S1}$ (6,3) und $pH = pK_{S2}$ (10,3) gepuffert sind.

4.4   Fällung und Auflösung

Die meisten anorganischen Wasserinhaltsstoffe liegen in Form gelöster Ionen vor. Der bedeutendste natürliche Eintragspfad für Ionen ist die Auflösung von Mineralen, die mit Wasser im Kontakt stehen. Der Lösungsprozeß eines ionisch aufgebauten Feststoffs mit der allgemeinen Formel M_nA_m (M steht für ein Metallkation, A für ein Anion) kann durch die Reaktionsgleichung

$$M_nA_{m\,(s)} \rightleftharpoons n\,M + m\,A \qquad\qquad\qquad (4.47)$$

beschrieben werden. Auf die Angabe der Ionenladungen wird hier verzichtet. Für den Gleichgewichtszustand läßt sich das Massenwirkungsgesetz unter Vernachlässigung der Aktivitätskoeffizienten (Abschn. 3.2) in der Form

$$K = \frac{c(M)^n \, c(A)^m}{x(M_n \, A_m)}$$
(4.48)

schreiben. Bei diesem heterogenen Gleichgewicht (flüssige und feste Phase) wird die Zusammensetzung der festen Phase durch den Molenbruch x ausgedrückt. Dieser (bzw. die bei genauerer Formulierung zu verwendende Molenbruchaktivität) hat bei einer reinen Phase den Wert 1. Damit ergibt sich als Definition des Löslichkeitsprodukts K_L:

$$K_L = c(M)^n \, c(A)^m \, .$$
(4.49)

Je geringer das Löslichkeitsprodukt ist, um so schwerer löslich ist der Feststoff. Das Löslichkeitsprodukt charakterisiert den thermodynamisch erreichbaren Gleichgewichtszustand. Sind die Konzentrationen der beteiligten Ionen in der Lösung geringer als es dem Löslichkeitsprodukt entspricht, kann der Feststoff in Lösung gehen, bei Überschreiten des Löslichkeitsprodukts erfolgt Ausfällung. In der Praxis kann die Gleichgewichtseinstellung allerdings kinetisch gehemmt sein.
Anstelle der Löslichkeitsprodukte werden in Tabellenwerken häufig auch Löslichkeitsexponenten pK_L angegeben:

$$pK_L = -\lg K_L \, .$$
(4.50)

Tabelle 4.5 enthält die Löslichkeitsexponenten einiger Feststoffe.
Fällung und Auflösung fester Phasen sind wesentliche Mechanismen der Regulierung der Zusammensetzung natürlicher Gewässer hinsichtlich der ionischen Hauptkomponenten. Der geochemische Hintergrund eines Gewässereinzugsgebietes spiegelt sich daher häufig in der Wasserzusammensetzung wider.
Fällungsprozesse spielen auch in der Wassertechnologie eine bedeutende Rolle. So nutzt man zum Beispiel die geringe Wasserlöslichkeit vieler Schwermetallhydroxide und -sulfide für die Eliminierung von Schwermetall-

ionen (Neutralisationsfällung, Sulfidfällung). Auch zur Eliminierung von Phosphaten und Härtebildnern können Fällungsverfahren eingesetzt werden.

Tabelle 4.5: Löslichkeitsexponenten ausgewählter Feststoffe

Feststoff	pK_L
$CaSO_4$	4,32
$CaHPO_4$	6,7
$CaCO_3$	8,48
$MgCO_3$	3,7
$FeCO_3$	10,7
$Fe(OH)_2$	13,5
FeS	18,1
$FePO_4$	26,0
$Fe(OH)_3$	38,7
$Al(OH)_3$	32,7

4.5 Redoxreaktionen

Redoxreaktionen gehören neben den Säure-Base-Reaktionen zu den wichtigsten Prozessen in aquatischen Systemen. Unter einer Redoxreaktion versteht man die Kopplung von Oxidation und Reduktion. Eine Oxidation ist definiert als Elektronenabgabe, eine Reduktion als Elektronenaufnahme. Entsprechend der allgemeinen Gleichung

$$Ox + n\,e^- \rightleftharpoons Red \tag{4.51}$$

nimmt ein Oxidationsmittel (Ox) Elektronen e^- auf und wird dabei zum Reduktionsmittel reduziert (Hinreaktion). Das Reduktionsmittel (Red) kann Elektronen abgeben und wird zum Oxidationsmittel oxidiert (Rückreaktion). Oxidations- und Reduktionsmittel bilden ein korrespondierendes Redox-Paar. Da in der wäßrigen Lösung keine freien Elektronen auftreten, gehören zu einer vollständigen Redoxreaktion immer zwei korrespondierende Redox-

Paare, wobei das Oxidationsmittel 1 die vom Reduktionsmittel 2 abgegebenen Elektronen aufnimmt:

$$Ox_1 + Red_2 \rightleftharpoons Ox_2 + Red_1 \ . \tag{4.52}$$

Zur Aufstellung von Redox-Gleichungen und zur Berechnung von Redox-Gleichgewichten benötigt man eine Kenngröße, die den Oxidationszustand eines Atoms in einer Verbindung charakterisiert. Eine solche Kenngröße ist die Oxidationszahl. Sie entspricht der hypothetischen Ladungszahl, die sich für das betrachtete Atom ergibt, wenn die Verbindung - unabhängig von den tatsächlichen Bindungsverhältnissen - formal in Ionen zerlegt wird, wobei die Bindungselektronen jeweils dem elektronegativeren Bindungspartner zugeordnet werden. Dabei sind folgende Regeln zu beachten:

1. Elemente (z.B. Fe) und Verbindungen aus gleichen Atomen (O_2, N_2) haben die Oxidationszahl 0.
2. Bei Ionen, die nur aus einer Atomsorte gebildet werden (Fe^{2+}, Mn^{2+}, Fe^{3+}, Cl^-), ist die Oxidationszahl gleich der Ionenladung.
3. Die Summe aller Oxidationszahlen ist für ein neutrales Molekül Null (CO_2 $\rightarrow$ C: +4; O: 2 × -2) und für ein Ion aus verschiedenen Atomen gleich der Gesamtladung (SO_4^{2-} $\rightarrow$ S: +6; O: 4 × -2)
4. Die höchste positive Oxidationszahl eines Elements entspricht der Gruppennummer des Periodensystems.

Die Oxidationszahlen der meisten für die Wasserchemie relevanten Verbindungen lassen sich unter Beachtung der angegebenen Regeln relativ leicht ermitteln. Dies gilt insbesondere, wenn man zusätzlich in Betracht zieht, daß die Oxidationszahlen der häufig in diesen Verbindungen auftretenden Sauerstoff- und Wasserstoffatome in der Regel -2 bzw. +1 betragen (Ausnahmen: O_2 (0), H_2 (0), O in Peroxoverbindungen (-1), H in Hydriden (-1)).

Für die Teilreaktion (4.51) läßt sich das Massenwirkungsgesetz wie folgt formulieren:

$$K = \frac{c(\text{Red})}{c(\text{Ox}) \ c(e^-)^n} \ . \tag{4.53}$$

Die Zahl der ausgetauschten Elektronen (n) entspricht dabei der Differenz der Oxidationszahlen.

Wäßrige Lösungen enthalten zwar keine freien Elektronen, dennoch kann die Elektronenkonzentration (bzw. -aktivität) herangezogen werden, um in Analogie zum pH-Wert bei Säure-Base-Reaktionen eine Größe zu definieren, mit deren Hilfe die Lage von Redox-Gleichgewichten beschrieben werden kann:

$$p\varepsilon = -\lg c(e^-) \, . \tag{4.54}$$

Die Größe $p\varepsilon$ wird als Redoxintensität bezeichnet (siehe auch Anhang). Eine niedrige Redoxintensität weist auf ein reduzierendes, eine hohe Redoxintensität auf ein oxidierendes Milieu hin.

Unter Verwendung der Definitionsgleichung (4.54) ergibt sich nach Logarithmieren aus dem Massenwirkungsgesetz (Gl. (4.53))

$$p\varepsilon = \frac{1}{n}\lg K + \frac{1}{n}\lg \frac{c(\text{Ox})}{c(\text{Red})} \tag{4.55}$$

bzw. nach Einführung der Standardredoxintensität $p\varepsilon^\circ$

$$p\varepsilon^\circ = \frac{1}{n}\lg K \tag{4.56}$$

$$p\varepsilon = p\varepsilon^\circ + \frac{1}{n}\lg \frac{c(\text{Ox})}{c(\text{Red})} \, . \tag{4.57}$$

Vergleicht man diese Beziehung mit der Gleichung (4.25), so wird die Analogie zu den Säure-Base-Gleichgewichten deutlich. Zwischen dem $p\varepsilon$-Wert und den Konzentrationen des korrespondierenden Redoxpaares besteht ein ähnlicher mathematischer Zusammenhang wie zwischen dem pH-Wert und den Konzentrationen des korrespondierenden Säure-Base-Paares. Bei der Beschreibung der Redox-Gleichgewichte übernimmt damit die Redoxintensität die Funktion der Mastervariablen.

Allerdings ist zu beachten, daß Redox-Gleichgewichte im allgemeinen komplizierter sind als es die allgemeine Gleichung (4.51) zeigt. Häufig bestehen Oxidations- und/oder Reduktionsmittelseite aus mehreren Komponenten, was bei der Formulierung der Gleichgewichtsbeziehungen berücksichtigt werden muß. Als Beispiel soll das System Nitrat/Ammonium betrachtet werden:

$$1/8\ NO_3^- + 5/4\ H^+ + e^- \rightleftharpoons 1/8\ NH_4^+ + 3/8\ H_2O\ . \tag{4.58}$$

Für die Gleichgewichtskonstante gilt dann

$$K = \frac{c(NH_4^+)^{\frac{1}{8}}}{c(NO_3^-)^{\frac{1}{8}}\ c(H^+)^{\frac{5}{4}}\ c(e^-)} \tag{4.59}$$

bzw.

$$p\varepsilon = p\varepsilon^{\,o} + \lg \frac{c(NO_3^-)^{\frac{1}{8}}\ c(H^+)^{\frac{5}{4}}}{c(NH_4^+)^{\frac{1}{8}}} \tag{4.60}$$

oder

$$p\varepsilon = p\varepsilon^{\,o} - \frac{5}{4}pH + \frac{1}{8}\lg \frac{c(NO_3^-)}{c(NH_4^+)}\ . \tag{4.61}$$

Die Lage dieses Redox-Gleichgewichts ist also zusätzlich vom pH-Wert abhängig. Gleichgewichte, die von beiden Mastervariablen beeinflußt werden, können anschaulich in $p\varepsilon$-pH-Diagrammen dargestellt werden. Dabei sind gegebenenfalls weitere, für das betrachtete System relevante Gleichgewichte zu berücksichtigen.

Das Wasser selbst hat sowohl oxidierende als auch reduzierende Eigenschaften (Redoxamphoterie). Die Gleichungen

$$H^+_{(aq)} + e^- \rightleftharpoons 1/2\ H_2 \qquad\qquad p\varepsilon^o = 0 \tag{4.62}$$

$$1/4\ O_2 + H^+_{(aq)} + e^- \rightleftharpoons 1/2\ H_2O \qquad p\varepsilon° = 20{,}75 \qquad\qquad (4.63)$$

beschreiben die Reduktion zu Wasserstoff bzw. die Oxidation zu Sauerstoff. Damit ergeben sich die folgenden Ausdrücke für die Redoxintensitäten:

$$p\varepsilon = -pH - \frac{1}{2}\lg p(H_2) \qquad\qquad\qquad (4.64)$$

$$p\varepsilon = 20{,}75 - pH + \frac{1}{4}\lg p(O_2)\ . \qquad\qquad\qquad (4.65)$$

Die Grenzen des Stabilitätsbereiches des flüssigen Wassers gegenüber der Reduktion zu H_2 bzw. der Oxidation zu O_2 lassen sich aus diesen Gleichungen ermitteln, wenn die Partialdrücke jeweils dem äußeren Druck p = 1 bar gleichgesetzt werden (lg p(H_2) = 0 bzw. lg p(O_2) = 0). Im pε-pH-Diagramm ergeben sich damit Geraden, die das Stabilitätsgebiet des flüssigen Wassers begrenzen (Abb. 4.3).

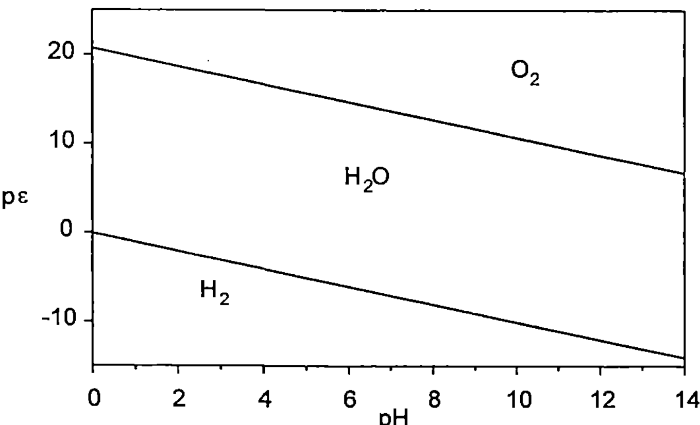

Abb. 4.3: pε-pH-Diagramm des Wassers

In natürlichen Wässern kommt dem Sauerstoff eine entscheidende Bedeutung als Oxidationsmittel zu. Nach Gleichung (4.65) weist ein Wasser, das mit Luftsauerstoff (p = 0,21 bar) gesättigt ist, bei pH = 7 die relativ hohe Redoxintensität von pε = 13,6 auf.

Tabelle 4.6 enthält einige weitere Redoxsysteme, die für Gewässer von Bedeutung sind.

Tabelle 4.6: Gleichgewichtskonstanten für ausgewählte Redoxsysteme
($\lg K = p\varepsilon^\circ$)

Redoxsystem		$\lg K$
$1/2\ MnO_{2(s)} + 2\ H^+ + e^-$	$=\ 1/2\ Mn^{2+} + H_2O$	21,80
$1/5\ NO_3^- + 6/5\ H^+ + e^-$	$=\ 1/10\ N_{2(g)} + 3/5\ H_2O$	21,05
$1/4\ O_{2(g)} + H^+ + e^-$	$=\ 1/2\ H_2O$	20,75
$Fe(OH)_{3(s)} + 3\ H^+ + e^-$	$=\ Fe^{2+} + 3\ H_2O$	16,00
$1/6\ NO_2^- + 4/3\ H^+ + e^-$	$=\ 1/6\ NH_4^+ + 1/3\ H_2O$	15,14
$1/8\ NO_3^- + 5/4\ H^+ + e^-$	$=\ 1/8\ NH_4^+ + 3/8\ H_2O$	14,90
$1/2\ NO_3^- + H^+ + e^-$	$=\ 1/2\ NO_2^- + 1/2\ H_2O$	14,15
$Fe^{3+} + e^-$	$=\ Fe^{2+}$	13,00
$1/4\ CH_2O + H^+ + e^-$	$=\ 1/4\ CH_{4(g)} + 1/4\ H_2O$	6,94
$1/6\ SO_4^{2-} + 4/3\ H^+ + e^-$	$=\ 1/6\ S_{(s)} + 2/3\ H_2O$	6,03
$1/8\ SO_4^{2-} + 5/4\ H^+ + e^-$	$=\ 1/8\ H_2S_{(g)} + 1/2\ H_2O$	5,25
$1/6\ N_{2(g)} + 4/3\ H^+ + e^-$	$=\ 1/3\ NH_4^+$	4,68
$1/8\ SO_4^{2-} + 9/8\ H^+ + e^-$	$=\ 1/8\ HS^- + 1/2\ H_2O$	4,25
$1/2\ S_{(s)} + H^+ + e^-$	$=\ 1/2\ H_2S_{(g)}$	2,89
$H^+ + e^-$	$=\ 1/2\ H_{2(g)}$	0,00
$1/4\ CO_{2(g)} + H^+ + e^-$	$=\ 1/24\ C_6H_{12}O_6 + 1/4\ H_2O$	-0,20
$1/4\ CO_{2(g)} + H^+ + e^-$	$=\ 1/4\ CH_2O + 1/4\ H_2O$	-1,20

Bisher wurden nur die Teilreaktionen betrachtet. Die Gleichgewichtskonstante K für die vollständige Redoxreaktion ergibt sich aus der Verknüpfung der Konstanten für die beiden Teilreaktionen

$$p\varepsilon_1^{\ \circ} - p\varepsilon_2^{\ \circ} = \frac{1}{n}\lg K_1 - \frac{1}{n}\lg K_2 = \frac{1}{n}\lg K \ . \tag{4.66}$$

Damit sind Gleichgewichtsberechnungen nach dem Massenwirkungsgesetz möglich.

Die prinzipielle Vorgehensweise bei der Berechnung eines Redox-Gleichgewichts soll am Beispiel der Oxidation von Ammoniumionen zu Nitrationen in einem Gewässer, das mit dem Sauerstoff der Luft im Gleichgewicht steht, erläutert werden. Für die Reaktion

$$NH_4^+ + 2\,O_2 \rightleftharpoons NO_3^- + 2\,H^+ + H_2O \tag{4.67}$$

lautet das Massenwirkungsgesetz

$$K = \frac{c(NO_3^-)\,c(H^+)^2}{c(NH_4^+)\,p(O_2)^2} \cdot \tag{4.68}$$

Für Sauerstoff wird hier - entsprechend der Definition der Redoxintensität in Tabelle 4.6 - der Partialdruck eingesetzt. Eine Umrechnung auf die Konzentration des gelösten Sauerstoffs wäre über das HENRYsche Gesetz (Abschn. 4.2) möglich, ist aber für die folgende Berechnung nicht erforderlich. Mit $p\varepsilon_1^\circ = 20{,}75$ (O_2/H_2O) und $p\varepsilon_2^\circ = 14{,}9$ (NO_3^-/NH_4^+) aus Tabelle 4.6 und $n = 8$ (Differenz der Oxidationszahlen von N in NH_4^+ bzw. NO_3^-) resultiert aus Gleichung (4.66) lg $K = 46{,}8$. Für einen pH-Wert von 7 und einen Partialdruck des Sauerstoffs in der Luft von 0,21 bar ergibt sich nach Gleichung (4.68) ein Konzentrationsverhältnis $c(NO_3^-)/c(NH_4^+)$ von $\approx 3\cdot10^{59}$; das heißt, das Gleichgewicht liegt weit auf der Seite des Nitrats. Die Rechnung zeigt also, daß Ammoniumionen in sauerstoffreichen Gewässern gegenüber einer Oxidation mit Sauerstoff thermodynamisch instabil sind. Die hier beschriebene Oxidation von Ammonium zu Nitrat wird durch Mikroorganismen bewirkt und als Nitrifikation bezeichnet.

Generell werden viele Redoxreaktionen in aquatischen Systemen durch Mikroorganismen vermittelt. Dies trifft insbesondere auch auf die Oxidation von Biomasse zu Kohlendioxid zu, wobei als Oxidationsmittel vor allem Sauerstoff wirkt (Sauerstoffatmung), bei Fehlen von Sauerstoff können aber auch andere Elektronenakzeptoren, wie zum Beispiel Nitrat oder Sulfat (Nitratatmung = Denitrifikation bzw. Sulfatatmung = Desulfurikation), in Betracht kommen (Abschn. 4.8).

4.6 Komplexbildungsgleichgewichte

4.6.1 Allgemeines

Die Bedeutung von Komplexbildungsgleichgewichten für die Wasserchemie resultiert aus der Tatsache, daß Metallionen in wäßrigen Lösungen immer komplex gebunden vorliegen. Bereits durch die Wechselwirkung der Ionen mit dem Lösungsmittel Wasser werden Komplexe (hydratisierte Ionen, Aquokomplexe) gebildet. Daneben liegen in Wässern aber häufig noch weitere anorganische oder organische Komplexbildner vor. Daher ist insbesondere bei der Charakterisierung der Bindungsformen von Metallionen in wäßrigen Systemen deren häufig sehr ausgeprägte Fähigkeit zur Bildung von Komplexen mit verschiedenen Wasserinhaltsstoffen zu berücksichtigen. Derartige Komplexe haben meist deutlich andere Eigenschaften (Löslichkeit, Redoxverhalten) als die freien bzw. hydratisierten Ionen. So spielt zum Beispiel die Komplexbildung eine wesentliche Rolle bei der Remobilisierung von Metallionen aus den Sedimenten.

Eine Komplexverbindung besteht aus einem Zentralion (hier Metallion), das von einer bestimmten Anzahl von Liganden (Ionen oder Neutralmoleküle) umgeben ist. Die Bindungen zwischen Zentralteilchen und Liganden können dabei sowohl elektrostatischer als auch kovalenter Natur sein. Die Zahl der Liganden wird als Koordinationszahl bezeichnet. Je nach Ladung des Zentralions sowie Zahl und Ladung der Liganden können komplexe Teilchen als Kationen, Anionen oder Neutralteilchen vorliegen. Wichtige anorganische Liganden in aquatischen Systemen sind OH^-, HCO_3^-/CO_3^-, Cl^-, SO_4^{2-}, HS^-/S^{2-}, wobei einige dieser Liganden gleichzeitig auch Bestandteile von Säure-Base- oder Redoxsystemen sind, so daß in diesen Fällen die Kopplung verschiedener Gleichgewichte zu berücksichtigen ist. Als organische Liganden haben sowohl natürliche Wasserinhaltsstoffe (z.B. Aminosäuren, Huminstoffe) als auch anthropogene Verbindungen (z.B. Ethylendiamintetraessigsäure - EDTA, Nitrilotriessigsäure - NTA) Bedeutung (Abschn. 5.6.2 und 5.6.11).

Wasser nimmt als Ligand eine gewisse Sonderstellung ein. Zwischen den Metallionen und dem Lösungsmittel Wasser existieren Ion-Dipol-Wechselwirkungen, die zur Ausbildung von Aquokomplexen führen. So liegt zum Beispiel das dreiwertige Aluminiumion nicht als Al^{3+}, sondern als hydratisiertes Ion $Al(H_2O)_6^{3+}$ vor. Die Komplexbildung mit anderen Liganden ist deshalb exakter als Substitutionsreaktion, bei der ein partieller oder vollständiger Ligandenaustausch stattfindet, zu bezeichnen. Geht man jedoch davon aus, daß Metallkationen immer in hydratisierter Form vorliegen, erübrigt sich in den meisten Fällen eine gesonderte Berücksichtigung der Aquo-Komplexbildung bei der Beschreibung von Komplexbildungsreaktionen mit anderen Liganden. Es ist daher zulässig, in diesen Fällen vereinfachend isolierte Metallionen zu formulieren. Eine Ausnahme bildet die Beschreibung von Hydrolyseprozessen (Abschn. 4.6.3).

Moleküle oder Ionen, die über ein Atom an das Zentralion gebunden sind, werden als einzähnige Liganden bezeichnet. Mehrzähnige Liganden sind dagegen über mehrere Atome mit dem Zentralion verbunden. Typische Vertreter sind die synthetischen Komplexbildner EDTA und NTA (Abschn. 5.6.11), bei denen die Bindung an das Zentralatom sowohl über die Sauerstoffatome als auch über die Stickstoffatome erfolgt. Komplexe mit mehrzähnigen Liganden heißen Chelatkomplexe. Sie zeichnen sich durch eine besonders hohe Komplexstabilität aus (Chelateffekt).

4.6.2 Berechnung von Komplexbildungsgleichgewichten

Die Komplexbildung zwischen einem Metallion Me und einem Liganden L kann mit der allgemeinen Reaktionsgleichung

$$Me + L \rightleftharpoons MeL \qquad (4.69)$$

beschrieben werden. Aus der Anwendung des Massenwirkungsgesetzes folgt unter Verwendung von Konzentrationen anstelle von Aktivitäten (Abschn. 3.2):

$$K = \frac{c(Me\,L)}{c(Me)\ c(L)} \cdot \qquad (4.70)$$

Die Konstante K wird hier als Komplexbildungskonstante bezeichnet. Bei Anlagerung mehrerer Liganden ergibt sich die Reaktionsfolge

$$Me + L \rightleftharpoons MeL \tag{4.71}$$

$$MeL + L \rightleftharpoons MeL_2 \tag{4.72}$$

$$MeL_2 + L \rightleftharpoons MeL_3 \tag{4.73}$$

$$MeL_{n-1} + L \rightleftharpoons MeL_n \; . \tag{4.74}$$

Für die individuellen Komplexstabilitätskonstanten gilt dann:

$$K_1 = \frac{c(Me\,L)}{c(Me)\;c(L)} \tag{4.75}$$

$$K_2 = \frac{c(Me\,L_2)}{c(Me\,L)\;c(L)} \tag{4.76}$$

$$K_3 = \frac{c(Me\,L_3)}{c(Me\,L_2)\;c(L)} \tag{4.77}$$

$$K_n = \frac{c(Me\,L_n)}{c(Me\,L_{n-1})\;c(L)} \; . \tag{4.78}$$

Für die Gesamtreaktionen

$$Me + L \rightleftharpoons MeL \tag{4.79}$$

$$Me + 2\,L \rightleftharpoons MeL_2 \tag{4.80}$$

$$Me + 3\,L \rightleftharpoons MeL_3 \tag{4.81}$$

$$Me + n\,L \rightleftharpoons MeL_n \qquad (4.82)$$

werden häufig auch Bruttostabilitätskonstanten β angegeben:

$$\beta_1 = K_1 = \frac{c(MeL)}{c(Me)\;\,cL)} \qquad (4.83)$$

$$\beta_2 = K_1\,K_2 = \frac{c(MeL_2)}{c(Me)\;\,c(L)^2} \qquad (4.84)$$

$$\beta_3 = K_1\,K_2\,K_3 = \frac{c(MeL_3)}{c(Me)\;\,c(L)^3} \qquad (4.85)$$

$$\beta_n = K_1\,K_2\,K_3 \dots K_n = \frac{c(MeL_n)}{c(Me)\;\,c(L)^n}\;. \qquad (4.86)$$

Die mitunter in Tabellenwerken zu findenden Komplexdissoziationskonstanten sind für die jeweiligen Rückreaktionen definiert. Es gilt deshalb allgemein

$$K_{stab} = \frac{1}{K_{diss}}\;. \qquad (4.87)$$

4.6.3 Hydrolyse

Die Hydrolyse von Metallionen, zum Beispiel nach

$$[\,Me(H_2O)_6]^{n+} \rightleftharpoons [Me(H_2O)_5OH]^{(n-1)+} + H^+\,, \qquad (4.88)$$

ist eine Säure-Base-Reaktion im BRÖNSTEDschen Sinne. Sie kann aber auch als Hydroxokomplexbildung, bei der H_2O-Liganden gegen OH^- ausgetauscht werden, betrachtet werden. In diesem Fall ist für die Reaktion auch eine vereinfachte Schreibweise unter Weglassung der H_2O-Liganden möglich:

$$Me^{n+} + OH^- \rightleftharpoons MeOH^{(n-1)+} \tag{4.89}$$

bzw.

$$Me^{n+} + H_2O \rightleftharpoons MeOH^{(n-1)+} + H^+ \, . \tag{4.90}$$

Die zu diesen Reaktionsgleichungen gehörenden Gleichgewichtskonstanten lauten

$$K_1^* = \frac{c(MeOH^{(n-1)+})}{c(Me^{n+})\,c(OH^-)} \tag{4.91}$$

$$K_1 = \frac{c(MeOH^{(n-1)+})\,c(H^+)}{c(Me^{n+})} \tag{4.92}$$

und sind über die Beziehung

$$K_1 = K_1^* \, K_W \tag{4.93}$$

verknüpft.
Für das Aluminiumion lassen sich zum Beispiel folgende Komplexbildungsgleichgewichte formulieren:

$$Al^{3+} + H_2O \rightleftharpoons AlOH^{2+} + H^+ \qquad \text{oder} \quad Al^{3+} + OH^- \rightleftharpoons AlOH^{2+} \tag{4.94}$$

$$Al^{3+} + 2\,H_2O \rightleftharpoons Al(OH)_2^+ + 2\,H^+ \quad \text{oder} \quad Al^{3+} + 2\,OH^- \rightleftharpoons Al(OH)_2^+ \tag{4.95}$$

$$Al^{3+} + 3\,H_2O \rightleftharpoons Al(OH)_3 + 3\,H^+ \quad \text{oder} \quad Al^{3+} + 3\,OH^- \rightleftharpoons Al(OH)_3 \tag{4.96}$$

$$Al^{3+} + 4\,H_2O \rightleftharpoons Al(OH)_4^- + 4\,H^+ \quad \text{oder} \quad Al^{3+} + 4\,OH^- \rightleftharpoons Al(OH)_4^- \, . \tag{4.97}$$

Da das Aluminiumhydroxid Al(OH)$_3$ schwerlöslich ist, beschreibt die dritte Gleichung das Gleichgewicht zwischen Aluminiumionen und festem Aluminiumhydroxid, das durch das Löslichkeitsprodukt

$$K_L = c(\text{Al}^{3+})\, c(\text{OH}^-)^3 \tag{4.98}$$

charakterisiert ist (Abschn. 4.4). Für die anderen Gleichgewichte können Bruttostabilitätskonstanten formuliert werden:

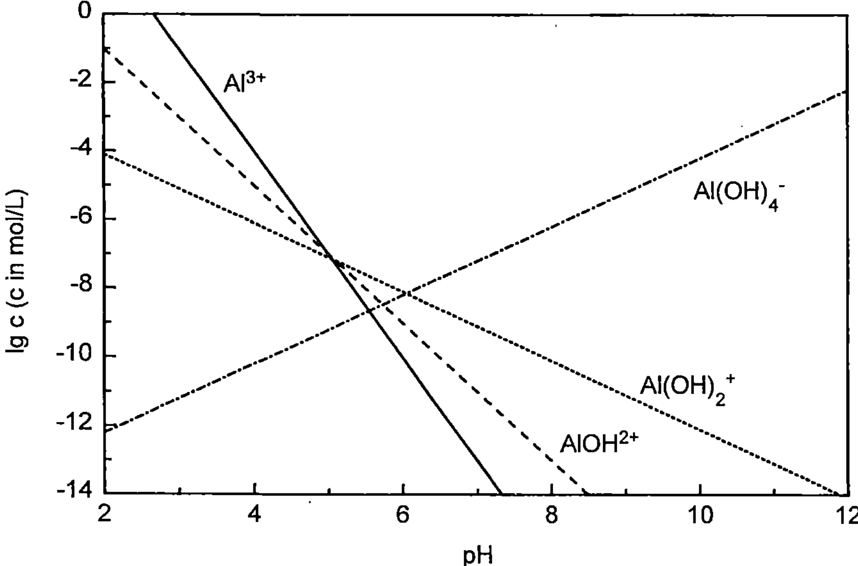

Abb. 4.4: Konzentrationen von Aluminiumspezies im Gleichgewicht mit festem Aluminiumhydroxid in Abhängigkeit vom pH-Wert (lg β_1 = -5, lg β_2 = -10,1, lg β_4 = -22,2; pK$_L$ = 34)

$$\beta_1 = K_1 = \frac{c(\text{AlOH}^{2+})\, c(\text{H}^+)}{c(\text{Al}^{3+})} \tag{4.99}$$

$$\beta_2 = \frac{c(\text{Al(OH)}_2^+)\ c(\text{H}^+)^2}{c(\text{Al}^{3+})} \qquad\qquad (4.100)$$

$$\beta_4 = \frac{c(\text{Al(OH)}_4^-)\ c(\text{H}^+)^4}{c(\text{Al}^{3+})}\ . \qquad\qquad (4.101)$$

Bei bekannten Werten für β_1, β_2, β_4 und K_L und unter Berücksichtigung des Ionenprodukts K_W können für ein Wasser, das mit festem Al(OH)$_3$ im Gleichgewicht steht, die Konzentrationen der gelösten Aluminiumspezies in Abhängigkeit vom pH-Wert berechnet werden (Abb. 4.4). Bei dieser vereinfachten Betrachtung ist nicht berücksichtigt, daß weitere (insbesondere mehrkernige) Komplexe möglich sind.

4.7   Sorptionsprozesse

Im Zuge seines Kreislaufs kommt das Wasser mit verschiedensten Feststoffen in Berührung. Das auf die Erdoberfläche treffende Niederschlagswasser versickert im Boden, Grundwasser steht im Kontakt mit dem Aquifermaterial, der Grund von Oberflächenwässern besteht aus mehr oder weniger stark ausgeprägten Sedimentschichten, feinverteilte Feststoffe sind sowohl in Oberflächen- wie auch in Grundwässern zu finden. Es ist daher naheliegend, daß das Schicksal von Wasserinhaltsstoffen in starkem Maße durch Wechselwirkungen mit festen Phasen beeinflußt wird. Die Anreicherung gelöster Wasserinhaltsstoffe an Feststoffoberflächen wird als Adsorption bezeichnet, der gegenläufige Prozeß der Freisetzung, hervorgerufen durch Änderung der Milieubedingungen (z.B. Temperatur, Konzentration, pH-Wert), heißt Desorption. Adsorptions- und Desorptionsprozesse beeinflussen die Mobilität von Wasserinhaltsstoffen. So führt die Adsorption an Böden und Sedimenten zur Immobilisierung, die adsorptive Bindung an Schwebstoffe bewirkt dagegen - vor allem bei schlechtlöslichen Verbindungen - meist eine Erhöhung der Mobilität, wenn die Schwebstoffe als Transportvehikel dienen. Durch Adsorption von Schadstoffen an Bodenmaterial und Sedimenten werden über längere Zeiträume Schadstoffpools gebildet, aus denen dann diese Stoffe unter veränderten Milieubedingungen durch Desorption wieder freigesetzt werden können.

Die Wechselwirkungen zwischen einem adsorbierbaren Wasserinhaltsstoff (Adsorptiv) und dem Feststoff (Adsorbens) können unterschiedlicher Natur sein. Als wichtigste Mechanismen kommen folgende Grenztypen in Betracht:

- VAN-DER-WAALS-Kräfte, die auf Dipol-Dipol-Wechselwirkungen beruhen, an denen permanente, induzierte und fluktuierende Dipole beteiligt sein können (Orientierungs-, Induktions- und Dispersionskräfte),
- hydrophobe Wechselwirkungen (Verdrängung von Molekülen mit hydrophoben Gruppen aus der wäßrigen Phase unter Rückbildung der ursprünglichen Wasserstruktur),
- Wasserstoffbrückenbindungen zwischen OH-Gruppen des Adsorbens und OH- bzw. NH-Funktionen des Adsorptivmoleküls,
- Ausbildung chemischer Bindungen (Chemisorption).

Die drei erstgenannten Wechselwirkungen sind schwächer als die Chemisorption und können unter dem Begriff der Physisorption zusammengefaßt werden. Art und Stärke der Wechselwirkungen werden sowohl von den Adsorptiveigenschaften (Wasserlöslichkeit, Polarität, Ionogenität) als auch von den Adsorbenseigenschaften (Oberflächengröße, Oberflächengruppen, aktive Zentren) bestimmt. Die Verhältnisse in aquatischen Systemen mit häufig heterogen zusammengesetzten Adsorbentien sind kompliziert und meist durch Überlagerung verschiedener Mechanismen geprägt.

Die adsorptive Bindung von Ionen kann mit dem Modell der Oberflächenkomplexbildung beschrieben werden. Die in aquatischen Systemen dominierenden sauerstoffhaltigen Feststoffe (Oxide, Oxidhydrate, Alumosilicate, Tone) bilden hydratisierte Oberflächen. Die OH-Gruppen dieser Oberflächen sind amphoter und werden je nach pH-Wert des umgebenden Wassers protoniert bzw. deprotoniert, wodurch Oberflächenladungen entstehen:

$$SOH \rightleftharpoons SO^- + H^+ \tag{4.102}$$

$$SOH + H^+ \rightleftharpoons SOH_2^+ . \tag{4.103}$$

S steht hierbei als Symbol für den Feststoff (solid).

Die Anlagerung von Kationen an derartige Feststoffoberflächen läßt sich als Austausch der Protonen der Oberflächen-OH-Gruppen interpretieren:

$$SOH + Me^{2+} \rightleftharpoons SOMe^{+} + H^{+} \qquad (4.104)$$

$$2\ SOH + Me^{2+} \rightleftharpoons (SO)_2Me + 2\ H^{+}\ . \qquad (4.105)$$

Anionen ersetzen dagegen die gesamte OH-Gruppe:

$$SOH + A^{2-} \rightleftharpoons SA^{-} + OH^{-} \qquad (4.106)$$

$$2\ SOH + A^{2-} \rightleftharpoons S_2A + 2\ OH^{-}\ . \qquad (4.107)$$

Man erkennt die Analogie zu Komplexbildungs- (Ligandenaustausch-) und Säure-Base-Reaktionen in wäßrigen Lösungen. Wie aus den Reaktionsgleichungen zu erkennen ist, wird die Oberflächenkomplexbildung in starkem Maße vom pH-Wert beeinflußt.

Neben den spezifischen Wechselwirkungen müssen zusätzlich unspezifische Wechselwirkungen aufgrund der Oberflächenladungen berücksichtigt werden. Diese entstehen - wie oben gezeigt - sowohl durch Säure-Base- wie auch durch Adsorptionsreaktionen. Bei silicatischen Feststoffen findet man darüber hinaus noch strukturell bedingte Oberflächenladungen. Sie sind eine Folge der isomorphen Substitution von Silicium im Kristallgitter. So resultieren aus der Substitution von Silicium durch Aluminium negative Ladungen.

Das Auftreten von Oberflächenladungen führt zur Ausbildung einer diffusen Doppelschicht, die dadurch gekennzeichnet ist, daß sich in der Nähe der geladenen Feststoffoberfläche Gegenionen der Lösung konzentrieren und so die Ladung kompensieren. Die zusätzlichen elektrostatischen Wechselwirkungen müssen bei der Beschreibung der Oberflächenkomplexbildung berücksichtigt werden. Hierzu sei auf die weiterführende Literatur verwiesen [SIG 1995], [STU 1987], [STU 1992].

Zur phänomenologischen Beschreibung der Lage von Adsorptionsgleichgewichten können - unabhängig vom dominierenden Bindungsmechanismus - Adsorptionsisothermengleichungen herangezogen werden. Als Adsorptionsisotherme bezeichnet man die Darstellung der Abhängigkeit der pro Masseeinheit Adsorbens adsorbierten Stoffmenge q (Beladung) von der Adsorptivkonzentration c bei konstanter Temperatur. Im einfachsten Fall ist diese Abhängigkeit linear und folgt der HENRY-Isotherme:

$$q = K_H \, c \; . \tag{4.108}$$

Der Isothermenparameter K_H ist dabei ein Maß für die Adsorbierbarkeit. Er wird häufig auch als Verteilungskoeffizient oder Sorptionskoeffizient bezeichnet.
Nichtlineare Isothermenverläufe lassen sich mit der LANGMUIR-Isotherme

$$q = \frac{q_m \, b \, c}{1 + b \, c} \tag{4.109}$$

oder mit der FREUNDLICH-Isotherme

$$q = K \, c^n \tag{4.110}$$

beschreiben. q_m und b bzw. K und n sind systemspezifische Isothermenparameter, die nach Linearisierung der Isothermengleichungen mit Hilfe der linearen Regression aus experimentellen Isothermendaten ermittelt werden können. Isothermen vom LANGMUIR-Typ zeigen bei niedrigen Konzentrationen (b c << 1) einen linearen Verlauf und enden bei hohen Konzentrationen (b c >> 1) in einem Sättigungswert $q = q_m$. Isothermen, die der FREUNDLICH-Gleichung folgen, besitzen dagegen keinen Sättigungswert, in den meisten Fällen wird jedoch der Anstieg der Beladung mit steigender Konzentration flacher (n < 1). Welche Isothermengleichung am besten zur Beschreibung der experimentellen Daten geeignet ist, muß in jedem Einzelfall geprüft werden.
Die aus Einzeladsorptionsmessungen bestimmten Isothermenparameter können zwar Hinweise auf die Adsorbierbarkeit eines Stoffes geben, sie sind aber in der Regel nicht auf reale Systeme mit mehreren adsorbierbaren Komponenten übertragbar. In solchen Gemischsystemen ist die Adsorbierbarkeit des betrachteten Adsorptivs durch die konkurrierende Adsorption der anderen Inhaltsstoffe meist deutlich herabgesetzt [KÜM 1990].

4.8   Biochemische Prozesse

Eine Reihe von Stoffumsetzungen in Gewässern wird durch aquatische Mikroorganismen bewirkt. An diesen Prozessen sind insbesondere die Elemente Kohlenstoff, Sauerstoff, Wasserstoff, Stickstoff, Schwefel, Phosphor, Eisen und Mangan bzw. ihre Verbindungen beteiligt. Bei den meisten der in diesem Zusammenhang interessanten Stoffumwandlungen erfolgt ein Wechsel der Oxidationsstufe, so daß sie aus chemischer Sicht zu den Redoxreaktionen zu zählen sind. Eine eingehende Behandlung aller biologischen Prozesse ist an dieser Stelle nicht möglich. Dennoch sollen zumindest die Begriffe erläutert werden, die für das Verständnis der biochemischen Reaktionen von Wasserinhaltsstoffen notwendig sind und auf die im Kapitel 5 zurückgegriffen wird.

Wenn man den Stoffwechsel von Zellen betrachtet, muß man zunächst zwischen Dissimilation und Assimilation unterscheiden. Unter Dissimilation ist der Abbau organischer Substanzen mit dem Ziel der Energiegewinnung zu verstehen. Sie verläuft bei allen Organismen prinzipiell nach gleichen Mechanismen. Die Assimilation dient dagegen der Gewinnung organischer Substanzen. Hierbei hat man zu unterscheiden, ob der Aufbau körpereigener organischer Substanzen aus anorganischen Stoffen unter Nutzung äußerer Energiequellen (autotrophe Assimilation) oder durch Verwertung von außen aufgenommener organischer Substanzen (heterotrophe Assimilation) erfolgt. Zur autotrophen Assimilation (Primärproduktion) sind einige Bakterien sowie alle grünen Pflanzen befähigt. Als äußere Energiequelle dient vor allem das Sonnenlicht (Photosynthese), in einigen Fällen auch Energie aus der Oxidation anorganischer Stoffe (Chemosynthese). Heterotroph assimilieren fast alle Bakterien, die Pilze, die nichtgrünen Pflanzen, die Tiere und schließlich auch der Mensch.

4.8.1   Dissimilation

Bei der Dissimilation werden organische Substanzen unter Freisetzung der in ihnen gespeicherten chemischen Energie ganz oder teilweise abgebaut. Dabei wird das Atmungssubstrat entweder selbst hergestellt (grüne Pflanzen) oder aufgenommen. Für die Gewässer ist von besonderer Bedeutung, daß Mikroorganismen das Atmungssubstrat direkt aus der Umgebung aufnehmen können. Die wichtigste Form der Dissimilation ist die Sauerstoffatmung. Für Kohlenhydrate als Atmungssubstrate kann die Atmung durch folgende Bruttogleichung beschrieben werden:

$$C_6H_{12}O_6 + 6\,O_2 \rightleftharpoons 6\,CO_2 + 6\,H_2O\,. \tag{4.111}$$

Bei diesem Prozeß wird Sauerstoff verbraucht und Kohlendioxid produziert. Atmungsprozesse sind also sowohl wegen des Abbaus organischer Substanzen wie auch wegen des Einflusses auf Sauerstoff- und Kohlendioxidbilanz für Gewässer von entscheidender Bedeutung. Bei Sauerstoffmangel (anaerobe Verhältnisse) können einige Mikroorganismen auch andere Oxidationsmittel (Nitrat, Sulfat) nutzen. Man spricht dann von Nitratatmung (Denitrifikation) bzw. Sulfatatmung (Desulfurikation). Nitrat wird dabei zu Stickstoff, Sulfat zu Schwefelwasserstoff bzw. Sulfid reduziert. Beide Prozesse stellen wichtige Glieder des aquatischen Stickstoff- bzw. Schwefelkreislaufs dar.
Eine weitere Form der Dissimilation ist die Gärung, bei der kein vollständiger Abbau der organischen Substanz zu CO_2 erfolgt. Die Umsetzung, die ohne Sauerstoff erfolgt, endet bei energieärmeren organischen Substanzen, der Energiegewinn ist insgesamt niedriger als bei Atmungsprozessen. Der Begriff Fäulnis steht für intensive Atmungs- und Gärungsprozesse heterotropher Mikroorganismen (Fäulnisbakterien) mit einer Reihe unterschiedlicher Produkte: CO_2, H_2O, NH_3, H_2S, HPO_4^-, CH_4. Viele gärende Mikroorganismen leben in sauerstofffreien Lebensräumen, so auch in anaeroben Schlämmen.

4.8.2 Assimilation

Die wichtigste Form der autotrophen Assimilation ist die Photosynthese, die vereinfacht durch die Gleichung

$$6\,CO_2 + 6\,H_2O \rightleftharpoons C_6H_{12}O_6 + 6\,O_2 \tag{4.112}$$

beschrieben werden kann. In Gewässern erfolgt die Photosynthese durch Wasserpflanzen und Algen. Da zum Aufbau organischer Substanz Licht benötigt wird, ist die photosynthetische Produktivität in oberflächennahen Gewässerschichten besonders hoch. Die Gleichung beschreibt den Prozeß der Photosynthese nur sehr vereinfacht. Tatsächlich sind neben CO_2 weitere anorganische Nährstoffe (Stickstoff, Phosphor) erforderlich. Die Produktion von Algenprotoplasma läßt sich etwas genauer mit der Gleichung

$$106\ CO_2 + 16\ NO_3^- + HPO_4^{2-} + 122\ H_2O + 18\ H^+ \rightleftharpoons C_{106}H_{263}O_{110}N_{16}P + 138\ O_2 \qquad (4.113)$$

erfassen.

Wichtig für die Gewässerchemie sind vor allem folgende Aspekte:

1. Die Gleichung (4.112) beschreibt die Photosynthese als einen der Atmung genau entgegengesetzten Prozeß, bei dem CO_2 verbraucht und O_2 produziert wird. Das Wechselspiel von Atmungs- und Photosyntheseprozessen in Gewässern beeinflußt also wesentlich die Konzentrationen und in geschichteten Seen auch die Konzentrationsverteilungen von Kohlendioxid und Sauerstoff.

2. Die Gleichung (4.113) zeigt den Einfluß der Nährstoffe Stickstoff und Phosphor auf die Algenproduktion. Da CO_2 und das damit im Gleichgewicht stehende Hydrogencarbonat in ausreichendem Maße zur Verfügung stehen, begrenzen die genannten Nährstoffe das Wachstum. Wenn - wie in den meisten Fällen - zudem noch genügend Stickstoff vorhanden ist, wird Phosphor zum limitierenden Faktor. Der anthropogene Eintrag von Nährstoffen, insbesondere von Phosphaten, in Gewässer bewirkt ein verstärktes Algenwachstum. Dieser als Eutrophierung bezeichnete Prozeß und seine negativen Folgen für die Gewässerqualität werden in Abschnitt 5.3.5 näher erläutert.

Während bei der bisher beschriebenen Form der Photosynthese der Sauerstoff des Wassers durch CO_2 oxidiert wird

$$H_2O \rightleftharpoons 2\ e^- + 2\ H^+ + 0{,}5\ O_2\,, \qquad\qquad (4.114)$$

können sogenannte Photobakterien auch andere Elektronendonatoren (z.B. Schwefelwasserstoff, Schwefel, Carbonsäuren, Alkohole) nutzen, z.B.

$$H_2S \rightleftharpoons 2\,e^- + 2\,H^+ + S \qquad\qquad (4.115)$$

$$RH_2 \rightleftharpoons 2\,e^- + 2\,H^+ + R\,. \qquad\qquad (4.116)$$

Für H_2S als Elektronendonator ergibt sich dann zum Beispiel die folgende Gesamtreaktion:

$$6\,CO_2 + 12\,H_2S \rightleftharpoons C_6H_{12}O_6 + 6\,H_2O + 12\,S\,. \qquad\qquad (4.117)$$

Im Gegensatz zur Photosynthese wird bei der Chemosynthese, einer anderen Form der autotrophen Assimilation, der Energiebedarf für die Synthese organischer Substanzen nicht aus Licht, sondern aus der Oxidation anorganischer Substrate gewonnen. Als oxidierbare Substanzen kommen u.a. in Frage: H_2S, NH_3, NO_2^-, Fe^{2+}, Mn^{2+}. Im folgenden werden einige Beispiele für energieliefernde Prozesse bei chemosynthetisch assimilierenden Mikroorganismen aufgeführt.

Schwefelbakterien:

$$H_2S + 0{,}5\,O_2 \rightleftharpoons S + H_2O \qquad\qquad (4.118)$$
$$S + H_2O + 1{,}5\,O_2 \rightleftharpoons H_2SO_4 \qquad\qquad (4.119)$$

Nitrosomonas:

$$NH_4^+ + 1{,}5\,O_2 \rightleftharpoons NO_2^- + H_2O + 2\,H^+ \qquad\qquad (4.120)$$

Nitrobacter:

$$NO_2^- + 0{,}5\,O_2 \rightleftharpoons NO_3^- \qquad\qquad (4.121)$$

Eisen- und Manganbakterien oxidieren Fe^{2+} und Mn^{2+} zu $Fe(OH)_3$ und MnO_2.

Während die Photosynthese unabhängig vom Sauerstoffgehalt des Wassers abläuft, ist die Chemosynthese im allgemeinen an die Anwesenheit von Sauerstoff gebunden. Eine Reihe von Bakterien kann allerdings auch bei Abwesenheit von Sauerstoff Chemosynthese betreiben. Diese reduzierenden Bakterien nutzen dann als Elektronenakzeptoren anstelle des Sauerstoffs zum Beispiel Sulfat oder Nitrat. Ein typisches Beispiel ist die denitrifizierende Sulfidoxidation.

Die photo- und chemosynthetische Oxidation von H_2S zu Schwefel bzw. Sulfat und die Oxidation von Ammoniak bzw. Ammoniumionen zu Nitrit und Nitrat (Nitrifikation) sind wichtige Reaktionen der biochemischen Kreisläufe des Schwefels bzw. Stickstoffs. Die Oxidation der zweiwertigen Eisen- und Manganionen führt zu schwerlöslichen Verbindungen und ist daher ein wesentlicher Mechanismus der Ausfällung dieser Metalle.

4.9   Gekoppelte Gleichgewichte
Beispiel: Kalk-Kohlensäure-Gleichgewicht

In den vorhergehenden Abschnitten wurden die für die Wasserchemie wesentlichen Reaktionsgleichgewichte vorgestellt. Dabei wurden zunächst jeweils nur isolierte Prozesse und einzelne stoffliche Systeme betrachtet. In realen Wässern sind die Verhältnisse jedoch weitaus komplizierter. Dies ist eine Folge der Anwesenheit weiterer Inhaltsstoffe, die indirekt über die Ionenstärke (und damit über die Aktivitätskoeffizienten) oder auch direkt durch Reaktion mit Komponenten des betrachteten Systems die Gleichgewichtslage beeinflussen können. Viele Wasserinhaltsstoffe sind gleichzeitig an verschiedenen Prozessen beteiligt, so daß zur Beschreibung der Gleichgewichtslage mehrere Gleichungen miteinander kombiniert werden müssen. Man spricht in diesem Fall von gekoppelten Gleichgewichten. Auf einige Beispiele, wie die Verknüpfung von Säure-Base-Gleichgewichten mit Redoxprozessen oder die Kombination von Komplexbildung und Lösungsgleichgewicht, wurde bereits hingewiesen. Als weiteres Beispiel für ein komplexeres System soll im folgenden das Kalk-Kohlensäure-Gleichgewicht etwas ausführlicher beschrieben werden.

Das Kalk-Kohlensäure-Gleichgewicht verbindet das Löslichkeitsgleichgewicht des Calciumcarbonats mit der Dissoziation der Kohlensäure. Die Kohlensäure ist exakter als gelöstes Kohlendioxid ($CO_{2\,(aq)}$) zu bezeichnen, da das Gleichgewicht

$$H_2O + CO_{2(aq)} \rightleftharpoons H_2CO_3 \qquad\qquad (4.122)$$

weit auf der linken Seite liegt. Da sich der Begriff Kohlensäure für die Summe aus echter Kohlensäure und gelöstem CO_2 aber in der Wasserchemie - vor allem im Zusammenhang mit diesem Gleichgewicht - eingebürgert hat, soll er hier weiter verwendet werden. Auf den Index aq wird im folgenden verzichtet.

Das Kalk-Kohlensäure-Gleichgewicht kann summarisch durch die Gleichung

$$CaCO_{3(s)} + CO_2 + H_2O \rightleftharpoons Ca^{2+} + 2\,HCO_3^- \qquad\qquad (4.123)$$

beschrieben werden, die sich als Summe der Teilgleichungen

$$CaCO_{3(s)} \rightleftharpoons Ca^{2+} + CO_3^{2-} \qquad\qquad (4.124)$$

$$CO_2 + H_2O \rightleftharpoons H^+ + HCO_3^- \qquad\qquad (4.125)$$

$$H^+ + CO_3^{2-} \rightleftharpoons HCO_3^- \qquad\qquad (4.126)$$

ergibt. Dieses Gleichgewicht hat eine überragende Bedeutung in der Wasserchemie. Dies gilt sowohl für die Interpretation natürlicher Prozesse als auch für die Beschreibung technischer Aufbereitungsverfahren. Die Auflösung von Carbonaten durch CO_2-haltiges Wasser ist eine wesentliche Quelle für Calcium- und Hydrogencarbonationen, die zu den Hauptinhaltsstoffen natürlicher Gewässer zählen. Damit steht das Kalk-Kohlensäure-Gleichgewicht auch in unmittelbarer Beziehung zur Wasserhärte (Gehalt an Erdalkaliionen). Die Teilgleichungen machen deutlich, daß dieses Gleichgewicht auch den

pH-Wert und die Pufferkapazität (Puffersysteme CO_3^{2-} - HCO_3^- und HCO_3^- - CO_2) natürlicher Wässer beeinflußt. Im Bereich der Wasseraufbereitung bildet das Kalk-Kohlensäure-Gleichgewicht eine wichtige Grundlage für die Auslegung und Kontrolle von Prozessen, wie z.B. Entsäuerung (Entfernung von gelöstem CO_2) oder Enthärtung (Entfernung von Erdalkaliionen). Auch im Zusammenhang mit der Korrosion verschiedener Materialien im Wasserverteilungsnetz durch gelöstes CO_2 spielt dieses Gleichgewicht eine Rolle.
Temperaturänderungen sowie Zufuhr oder Verbrauch von Kohlendioxid sind wichtige Faktoren, die das Kalk-Kohlensäure-Gleichgewicht beeinflussen. Da Fällungs- und Auflösungsprozesse in diesem System oft langsam verlaufen, kann nicht immer mit dem Vorliegen des Gleichgewichtszustandes gerechnet werden.
In diesem Zusammenhang ergibt sich häufig die Aufgabe, zu prüfen, ob sich ein Wasser im Kalk-Kohlensäure-Gleichgewicht befindet, oder ob es carbonatauflösend bzw. carbonatausfällend wirkt. Dazu ist es notwendig, den momentan vorliegenden Zustand mit dem Gleichgewichtszustand zu vergleichen. Hierfür gibt es verschiedene Methoden, die aber alle auf den Gleichgewichtsbeziehungen für die angegebenen Teilreaktionen basieren. Zu berücksichtigen sind das Löslichkeitsprodukt des Calciumcarbonats sowie die Dissoziation der Kohlensäure (1. und 2. Protolysestufe):

$$K_L = c(\text{Ca}^{2+})\, c(\text{CO}_3^{2-}) \tag{4.127}$$

$$K_{S1} = \frac{c(\text{H}^+)\, c(\text{HCO}_3^-)}{c(\text{CO}_2)} \tag{4.128}$$

$$K_{S2} = \frac{c(\text{H}^+)\, c(\text{CO}_3^{2-})}{c(\text{HCO}_3^-)}\,. \tag{4.129}$$

Die Gleichgewichtskonzentration an CO_2 (die sogenannte zugehörige Kohlensäure) ergibt sich durch Kombination dieser Gleichungen zu

$$c(CO_2)_{eq} = \frac{K_{S2}}{K_L\,K_{S1}}\,c(HCO_3^-)^2\;c(Ca^{2+})\;. \qquad (4.130)$$

Faßt man nun die Konstanten zu K_T zusammen und berücksichtigt den Fremdioneneinfluß durch einen summarischen Aktivitätskoeffizienten f_T, so erhält man die TILLMANSsche Gleichung:

$$c(CO_2)_{eq} = \frac{K_T}{f_T}\,c(HCO_3^-)^2\;c(Ca^{2+})\;. \qquad (4.131)$$

Die temperaturabhängige Konstante K_T und der ionenstärkeabhängige Aktivitätskoeffizient f_T können einschlägigen Tabellen entnommen werden, so daß bei Vorliegen einer entsprechenden Wasseranalyse die Gleichgewichtskonzentration an CO_2 berechnet werden kann. Ein Wasser, dessen CO_2-Gehalt höher ist als die Gleichgewichtskonzentration, vermag $CaCO_3$ bis zur Einstellung des Gleichgewichts zu lösen (kalkaggressives Wasser), im umgekehrten Fall wird Calciumcarbonat ausgefällt.

Außer der CO_2-Konzentration kann man auch den pH-Wert, der einfacher zu bestimmen ist, zur Überprüfung der Gleichgewichtseinstellung heranziehen. Aus der Gleichung (4.129) ergibt sich nach Substitution von $c(CO_3^{2-})$ durch das Löslichkeitsprodukt (Gl. (4.127))

$$c(H^+)_{eq} = \frac{K_{S2}}{K_L}\,c(HCO_3^-)\;c(Ca^{2+})\;. \qquad (4.132)$$

Das heißt, zu jeder Calcium- und Hydrogencarbonationenkonzentration gehört nicht nur eine bestimmte CO_2-Konzentration, sondern auch ein Gleichgewichts-pH-Wert. Zweckmäßigerweise werden auch hier die Konstanten zusammengefaßt ($K_{La} = K_{S2}/K_L$) und ein summarischer Aktivitätskoeffizient eingeführt. Die sich so ergebende Gleichung wird als LANGELIER-Gleichung bezeichnet.

$$pH_{eq} = -\lg K_{La} - \lg f_{La} - \lg c(\text{HCO}_3^-) - \lg c(\text{Ca}^{2+}) \qquad (4.133)$$

K_{La} ist dabei wieder temperatur- und f_{La} ionenstärkeabhängig.
Ist der gemessene pH-Wert kleiner als der berechnete Gleichgewichts-pH-Wert, so ist das Wasser kalklösend, im umgekehrten Fall kalkausscheidend. Die Differenz zwischen gemessenem und berechnetem pH-Wert wird auch als Sättigungsindex bezeichnet:

$$S_I = pH_{gem} - pH_{eq} \ . \qquad (4.134)$$

Ein negativer Sättigungsindex S_I weist dementsprechend auf Carbonatauflösung, ein positiver auf Carbonatausfällung hin.
Schließlich kann die Tendenz zur Auflösung oder Ausfällung auch aus dem Löslichkeitsprodukt des Calciumcarbonats (formuliert unter Verwendung von Aktivitäten) abgeleitet werden, wobei gilt:

$$a(\text{Ca}^{2+})\, a(\text{CO}_3^{2-}) > K_L \qquad \text{Carbonatausfällung} \qquad (4.135)$$

$$a(\text{Ca}^{2+})\, a(\text{CO}_3^{2-}) < K_L \qquad \text{Carbonatauflösung.} \qquad (4.136)$$

Auch hierfür wird häufig ein Sättigungsindex, definiert nach

$$S_I = \lg \frac{a(\text{Ca}^{2+})\, a(\text{CO}_3^{2-})}{K_L} \ , \qquad (4.137)$$

verwendet.
Nach Einführung eines summarischen Aktivitätskoeffizienten f_L ergibt sich die folgende Berechnungsgleichung:

$$S_I = \lg c(\text{Ca}^{2+}) + \lg c(\text{CO}_3^{2-}) - \lg K_L + \lg f_L \ . \qquad (4.138)$$

Aus thermodynamischer Sicht sind die Berechnungsmethoden für das Kalk-Kohlensäure-Gleichgewicht gleichwertig. Unterschiede bestehen vor allem in der Zugänglichkeit bzw. Genauigkeit der benötigten Meßdaten.

Die Temperaturabhängigkeit der Gleichgewichtskonstanten kann durch empirische Korrelationen beschrieben werden [DIN 1995]. Die danach berechneten Werte für ausgewählte Temperaturen sind in der Tabelle 4.7 angegeben.

Tabelle 4.7: Gleichgewichtskonstanten für die Berechnung des Kalk-Kohlensäure-Gleichgewichts (K_{S1}, K_{S2} in mol/L; K_L in mol^2/L^2, K_T in L^2/mol^2; K_{La} in L/mol)

Temperatur in °C	lg K_{S1}	lg K_{S2}	lg K_L	lg K_T	lg K_{La}
5	-6,555	-10,590	-8,423	4,388	-2,167
10	-6,488	-10,508	-8,426	4,405	-2,082
15	-6,432	-10,437	-8,437	4,431	-2,001
20	-6,389	-10,378	-8,455	4,466	-1,923
25	-6,356	-10,329	-8,481	4,508	-1,848
30	-6,334	-10,290	-8,514	4,558	-1,776

Die Berechnung der Aktivitätskoeffizienten erfolgt über eine modifizierte DEBYE-HÜCKEL-Gleichung (Abschn. 3.2) für einwertige Ionen:

$$\lg \gamma = -0.5 \frac{\sqrt{I}}{1 + 1.4\sqrt{I}} \cdot \qquad (4.139)$$

Näherungsweise läßt sich die Ionenstärke aus der elektrischen Leitfähigkeit χ des Wassers bei 25 °C (in mS/m) abschätzen:

$$I \text{ (in mol/L)} = \frac{\chi_{25}}{6200} \cdot \qquad (4.140)$$

Die für die Gleichgewichtsberechnungen erforderlichen summarischen Aktivitätskoeffizienten erhält man durch Multiplikation von lg γ mit der Summe der Ladungsquadrate der in den Berechnungsgleichungen auftretenden Teilchen. Nicht berücksichtigt wird dabei H^+, da bei pH-Wert-Messungen nicht Konzentrationen, sondern Aktivitäten bestimmt werden. Es gilt somit für Gleichung (4.133)

$$\lg f_{La} = 5 \lg \gamma \tag{4.141}$$

und für Gleichung (4.138)

$$\lg f_L = 8 \lg \gamma \ . \tag{4.142}$$

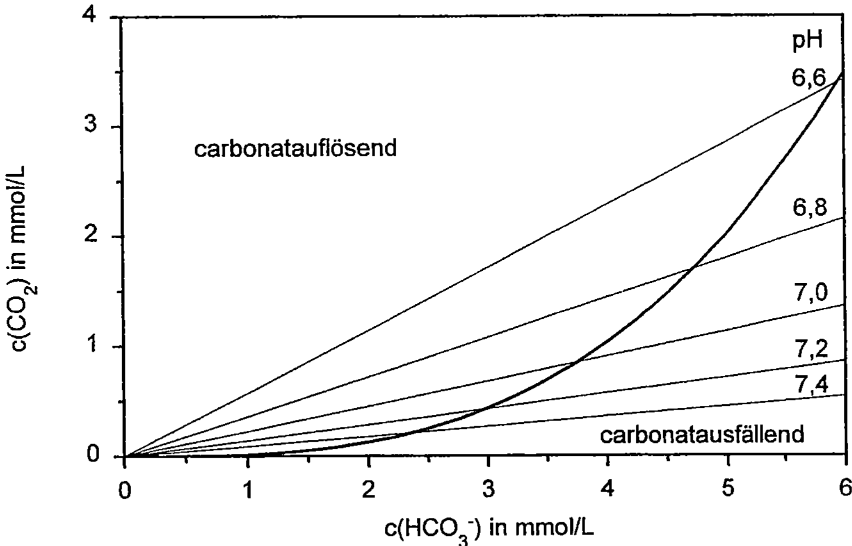

Abb. 4.5: Kalk-Kohlensäure-Gleichgewicht

Die Zusammenhänge, die sich aus dem Kalk-Kohlensäure-Gleichgewicht ergeben, sind in Abbildung 4.5 veranschaulicht. Die Kurve beschreibt die Gleichgewichtszustände für 25 °C, berechnet unter Verwendung von Gleichung (4.130). Zur Vereinfachung wurde bei der Berechnung der summarische Aktivitätskoeffizient gleich 1 gesetzt. Weiterhin wurde angenommen, daß $c(HCO_3^-) = 2\ c(Ca^{2+})$ gilt. Die ebenfalls eingetragenen Geraden beschreiben den Zusammenhang zwischen CO_2- und Hydrogencarbonatkonzentration für jeweils konstante pH-Werte, wie er sich aus Gleichung (4.128) ergibt. Es wird deutlich, daß zu jedem Punkt auf der Gleichgewichtskurve ein entsprechender pH-Wert gehört.

Ein Wasser, dessen Zusammensetzung einem Wertepaar auf der Kurve entspricht, befindet sich im Kalk-Kohlensäure-Gleichgewicht. Aus dem Verlauf der Kurve ist zu erkennen, daß mit steigendem Hydrogencarbonatgehalt (und damit auch steigender Ca^{2+}-Konzentration) die Gleichgewichtskonzentration an CO_2 zu- und der Gleichgewichts-pH-Wert abnimmt. Im Vergleich zu weichen Wässern weisen somit harte Wässer im Zustand der Calciumcarbonatsättigung stets deutlich höhere Gehalte an CO_2 und niedrigere pH-Werte auf. Prinzipiell können in natürlichen Wässern beliebige CO_2/HCO_3^--Verhältnisse auftreten. Liegt die Zusammensetzung oberhalb der Gleichgewichtskurve, ist das Wasser carbonatlösend, im umgekehrten Fall carbonatausscheidend. Auf die Bedeutung der Wasserinhaltsstoffe CO_2 und HCO_3^- wird im Kapitel 5 noch näher eingegangen.

Die hier gezeigte mathematische Beschreibung des Kalk-Kohlensäure-Gleichgewichts berücksichtigt nur die Hauptreaktionen. Diese Vorgehensweise ist für viele Fälle ausreichend. Eine exaktere Gleichgewichtsberechnung erfordert zusätzlich die Einbeziehung möglicher Komplex- bzw. Ionenpaarbildungsreaktionen unter Beteiligung von Calcium-, Magnesium-, Hydrogencarbonat-, Carbonat- und Sulfationen. Einzelheiten sind der weiterführenden Literatur [HAN 1991], [ROH 1993] zu entnehmen.

5 Wasserinhaltsstoffe

5.1 Einteilung der Wasserinhaltsstoffe

Die Einteilung der Wasserinhaltsstoffe kann nach verschiedenen Gesichtspunkten erfolgen. Mögliche Einteilungsprinzipien sind:
- nach der chemischen Natur
- nach der Häufigkeit des Auftretens
- nach dem Dispersionsgrad
- nach der Herkunft.

Nach der chemischen Natur ist zunächst zwischen anorganischen und organischen Wasserinhaltsstoffen zu unterscheiden. Die gelösten anorganischen Wasserinhaltsstoffe kommen vorwiegend in ionischer Form, zum Teil aber auch als Neutralteilchen (gelöste Gase, undissoziierte Säuren, Neutralkomplexe) vor. Daneben treten anorganische Feststoffe häufig auch in kolloidaler oder grobdisperser Verteilung auf. Organische Inhaltsstoffe sind in sehr großer Vielfalt sowohl echt gelöst als auch in partikulärer Form im Wasser zu finden. Die gelösten organischen Substanzen liegen meist molekular vor, organische Basen (z.B. Amine) oder Säuren (z.B. Carbonsäuren, Phenole, Sulfonsäuren) bilden jedoch - je nach pH-Wert - infolge von Protonierungsbzw. Deprotonierungsreaktionen auch Ionen.

Nach der Häufigkeit ihres Vorkommens in bestimmten Konzentrationsbereichen ist eine Einteilung der Wasserinhaltsstoffe in Hauptinhaltsstoffe, Begleit- und Spurenstoffe möglich. Die Hauptmenge der Inhaltsstoffe natürlicher Gewässer entfällt auf vier Kationen (Natrium-, Kalium-, Calcium- und Magnesiumionen), vier Anionen (Chlorid-, Hydrogencarbonat-, Sulfat- und Nitrationen) sowie drei Gase (Sauerstoff, Stickstoff und Kohlendioxid). Ihre Konzentrationen liegen häufig über 10 mg/L. Neben den Hauptinhaltsstoffen tritt eine große Anzahl von Begleitstoffen im Konzentrationsbereich zwischen 0,1 und 10 mg/L auf. Hierzu gehören Ionen (z.B. Eisen(II)-, Mangan(II)-, Fluorid-, Nitrit- und Phosphationen), gelöste Gase (z.B. Schwefelwasserstoff, Methan und Ammoniak), natürliche organische Stoffe sowie Stoffe, die in kolloiddisperser oder grobdisperser Form vorliegen, wie Eisenoxidhydrat, Mangandioxid, Kieselsäure, Silicate, Öle und Fette. Spurenstoffe in Konzentrationen unter 0,1 mg/L verdienen insbesondere dann Beachtung,

wenn sie zu den Wasserschadstoffen zählen. Beispiele sind die Schwermetallionen sowie viele anthropogene organische Wasserinhaltsstoffe, z.B. Pestizide, halogenorganische Verbindungen oder polycyclische Aromaten.

Die hier angegebenen Konzentrationsgrenzen haben nur orientierenden
Charakter. Die Übergänge sind fließend. Eine strenge Einteilung nach diesem Prinzip ist nicht möglich, da die Konzentrationen der Wasserinhaltsstoffe zum einen vom Gewässertyp abhängen, zum anderen auch innerhalb
eines Gewässertyps und sogar innerhalb eines einzelnen Gewässers stark
variieren können.

Nach der Teilchengröße und damit nach dem Grad der Verteilung
(Dispersionsgrad) in der wäßrigen Phase wird zwischen echt gelösten
(Teilchengröße <1 nm), kolloidal gelösten (Teilchengröße 1 nm ... 1 µm)
und suspendierten (Teilchengröße >1 µm) Inhaltsstoffen unterschieden. Bezogen auf den Dispersionsgrad werden für die entsprechenden Systeme auch
die Begriffe ionen- bzw. molekulardispers, kolloiddispers und grobdispers
verwendet. Die kolloidal gelösten Feststoffe sedimentieren im Gegensatz zu
den grobdispersen Feststoffen praktisch nicht, es sei denn, die Stabilität der
kolloidalen Lösung wird durch Flockungsmittel aufgehoben. Feinverteilte
Feststoffe können an ihrer großen Oberfläche gelöste Stoffe durch Sorptionsprozesse binden und als Transportvehikel für diese Stoffe fungieren.

Bei diesem Einteilungsprinzip geht allerdings der unmittelbare Bezug zur
chemischen Natur und den daraus resultierenden Eigenschaften weitgehend
verloren.

Nach der Herkunft ist zwischen natürlichen und anthropogenen Wasserinhaltsstoffen zu unterscheiden. Natürliche Wasserinhaltsstoffe gelangen durch
Wechselwirkungen des Wassers mit benachbarten Umweltkompartimenten
(Auflösung von Feststoffen und Gasen) oder durch biologische Prozesse in
Grund- und Oberflächenwässer. Anthropogene Wasserinhaltsstoffe sind dagegen Substanzen, die durch menschliche Aktivitäten in aquatische Systeme
eingetragen werden. Auch dieses Einteilungsprinzip ist nicht unproblematisch, da mit Ausnahme einiger naturfremder Stoffe bzw. Stoffgruppen
(Xenobiotika) Wasserinhaltsstoffe in der Regel sowohl natürlichen als auch
anthropogenen Ursprungs sein können. Eine nachträgliche Zuordnung zu den
Quellen ist meist nur schwer oder gar nicht möglich.

Die nachfolgend gewählte Einteilung in anorganische Kationen und Anionen, gelöste Gase, Spurenmetalle sowie natürliche und anthropogene organische Inhaltsstoffe stellt eine Kompromißlösung dar, die den oben angeführ-

ten Problemen bei der Wahl eines geeigneten Ordnungsprinzips Rechnung trägt. Natürlich treten auch hierbei Überschneidungen und Grenzfälle auf. Insbesondere können einige Wasserinhaltsstoffe verschiedenen Gruppen zugeordnet werden.

Im letzten Abschnitt des Kapitels werden Nebenprodukte der Trinkwasseraufbereitung, insbesondere der Desinfektion und Oxidation, behandelt. Diese Nebenprodukte nehmen eine Sonderstellung unter den Wasserinhaltsstoffen ein, da sie erst durch chemische Prozesse im Wasserwerk entstehen. Sie sind daher insbesondere für die Trinkwasserqualität von Bedeutung.

5.2   Kationen

5.2.1   Alkalimetallionen

Von den Alkalimetallionen treten vor allem Natrium- und Kaliumionen als Hauptinhaltsstoffe im Wasser auf. Die Ionen der übrigen Alkalimetalle (Lithium, Rubidium, Caesium) haben als Wasserinhaltsstoffe nur eine untergeordnete Bedeutung. Die Konzentration des Lithiums im Meerwasser liegt bei 0,17 mg/L, die des Rubidiums bei 0,12 mg/L und die des Caesiums bei 0,0005 mg/L.

5.2.1.1 Natriumionen

Natriumionen (Na^+) sind in allen Gewässern, zum Teil in sehr hohen Konzentrationen, zu finden. Die relativ hohen Konzentrationen natürlichen Ursprungs sind zum einen auf die Häufigkeit von Natriumverbindungen (Natrium ist mit einem Anteil von 2,83 % das sechsthäufigste Element der Erdkruste) und zum anderen auf die gute Löslichkeit der meisten Natriumverbindungen zurückzuführen. Natrium tritt in der Natur vor allem in Salzlagerstätten (als NaCl) und in silicatischen Mineralen (z.B. Natronfeldspat) auf, aus denen die Ionen durch Löse- bzw. Verwitterungsprozesse freigesetzt werden können. Größere Mengen an Natriumionen können auch durch Abwässer der Kaliindustrie (z.B. Verarbeitung von Sylvinit KCl·NaCl) in die Gewässer gelangen.

Natrium ist ein Bioelement, als gelöstes NaCl kommt es in menschlichen und tierischen Geweben und Körperzellen vor. Daraus ergibt sich die Notwendigkeit einer bestimmten Mindestaufnahme, andererseits sind zu hohe Konzentrationen im Trinkwasser wegen des salzigen Geschmacks und der möglichen Beeinträchtigung des Herz-Kreislauf-Systems zu vermeiden. Über die vermutete blutdruckerhöhende Wirkung von Natriumionen besteht allerdings noch keine endgültige Klarheit, da offensichtlich kein monokausaler Zusammenhang existiert. Der Natriumbedarf eines erwachsenen Menschen liegt bei ca. 2 g/d. Dieser Wert wird in der Regel bereits durch die Nahrungsaufnahme deutlich überschritten. Nach der Trinkwasserverordnung gilt für Natriumionen ein Grenzwert von 150 mg/L.

In Oberflächenwässern liegt die Natriumionenkonzentration in der Regel über 10 mg/L, zum Teil auch über 100 mg/L. Natriumionen verhalten sich - wie auch Chloridionen - in aquatischen Systemen und bei den herkömmlichen Verfahren der Wasseraufbereitung weitgehend konservativ. Das bedeutet, sie werden nicht aus dem Wasser entfernt. Längerfristige hohe Natriumchlorideinträge in Süßwässer führen zur Aufsalzung und können daher negative Auswirkungen auf die Lebensbedingungen von Süßwasserorganismen und auf die Trinkwassergewinnung haben.

Einige Verfahren der Trinkwasseraufbereitung führen zu einer Erhöhung des Natriumgehalts im aufbereiteten Wasser. Als Beispiele seien hier die Enthärtung mit Ionenaustauschern (Bindung von Härtebildnern im Austausch gegen Natriumionen), die pH-Wert-Einstellung mit NaOH oder Na_2CO_3, die Desinfektion mit NaOCl und der Einsatz von Natriumverbindungen zur Korrosionshemmung genannt.

Die gute Löslichkeit von Natriumsalzen und die geringe Bindung der Natriumionen an Tonminerale und andere Bodenbestandteile führen zu einer starken Anreicherung im Meerwasser. Die Konzentration ist hier mit 10,54 g/L ca. achtmal höher als die des zweithäufigsten Kations Mg^{2+}.

5.2.1.2 Kaliumionen

Kaliumionen (K^+) werden bei der Verwitterung von Kalifeldspaten und anderen kaliumhaltigen Silicaten freigesetzt. Als bedeutende anthropogene Quelle ist die Gewinnung und Anwendung von Kalidüngemitteln zu nennen. Obwohl Kalium mit einem Anteil von 2,59 % ebenfalls zu den Hauptbestandtei-

len der Erdkruste gehört und Kaliumsalze eine gute Wasserlöslichkeit besitzen, sind die in natürlichen Wässern auftretenden Konzentrationen meist deutlich niedriger als die Konzentrationen an Natriumionen. In Oberflächenwässern übersteigen die Konzentrationen nur selten, z.B. bei starken Verunreinigungen durch Abwässer, den Wert von 10 mg/L.
In Süßwässern liegt das molare Na^+/K^+- Verhältnis bei 3 bis 10, im Meerwasser bei 46. Diese unterschiedlichen Konzentrationsverhältnisse wie auch die insgesamt niedrigeren Konzentrationen der Kaliumionen sind eine Folge der stärkeren Bindung an Bodenbestandteile (vor allem durch Ionenaustauschprozesse an Tonmineralen) und des selektiven Einbaus in Gesteine. Als wichtige Pflanzennährstoffe nehmen Kaliumionen am biologischen Kreislauf teil.
Im Trinkwasser soll ein Gehalt von 12 mg/L nicht überschritten werden, allerdings sind geogen bedingte Überschreitungen bis 50 mg/L zulässig.

5.2.2 Ammoniumionen

Ammoniumionen (NH_4^+) sind Bestandteil des mikrobiellen Stickstoffkreislaufs (Abb. 5.1). Sie werden beim Abbau organischer Stickstoffverbindungen auf dem Wege der Ammonifizierung gebildet.
Die durch das Enzym Urease katalysierte Hydrolyse des Stoffwechselendprodukts Harnstoff liefert Ammoniumionen entsprechend der Gleichung

$$CO(NH_2)_2 + 2\ H_2O \rightleftharpoons NH_4^+ + NH_3 + HCO_3^- . \tag{5.1}$$

Diese Reaktion hat u.a. für häusliche Abwässer Bedeutung. Auf gleiche Weise wird auch als Dünger ausgebrachter Harnstoff zu Ammoniak bzw. Ammoniumionen umgesetzt.
Unter oxidierenden Bedingungen erfolgt die mikrobielle Umwandlung von Ammonium in Nitrat über die Zwischenstufe Nitrit. Die Oxidation zu Nitrat (Nitrifikation) wird durch die Mikroorganismen der Gattungen Nitrosomonas (Nitritation) und Nitrobacter (Nitratation) bewirkt.

$$NH_4^+ + 1{,}5\ O_2 \rightleftharpoons NO_2^- + H_2O + 2\ H^+ \tag{5.2}$$

$$NO_2^- + 0{,}5\ O_2 \rightleftharpoons NO_3^- . \tag{5.3}$$

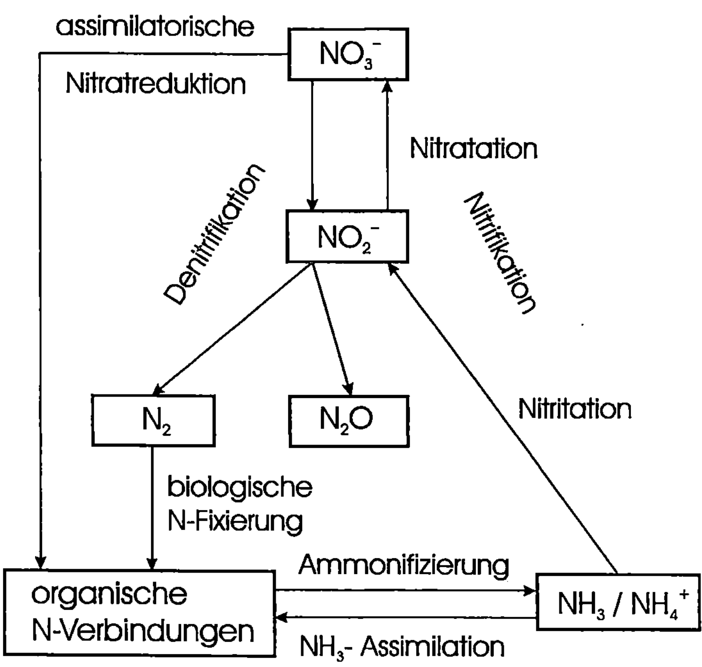

Abb. 5.1: Mikrobieller Stickstoffkreislauf (nach [KÜM 1988])

Sowohl Ammoniumsalze als auch Harnstoff haben als Düngemittelkomponenten Bedeutung und können auf diesem Wege in Grund- und Oberflächenwässer gelangen. Durch die vielseitige Verwendung von Ammoniak bzw. Ammoniumverbindungen in Industrie und Haushalt, z.B. als Ausgangsstoff für verschiedene Synthesen, als Elektrolyt, als Kühlmittel oder in Reinigungsmitteln, kommen als weitere Eintragspfade industrielle und kommunale Abwässer in Betracht, letztere natürlich auch wegen des Gehalts an Fäkalien. Bei ausreichender Abwasserreinigung durch die biologischen Verfahren der Nitrifikation (s.o.) und Denitrifikation (Umwandlung des Nitrats in Stickstoff) kann der Gehalt an Stickstoffverbindungen allerdings weitgehend reduziert werden. In Oberflächenwässern liegen die Ammoniumionenkonzentrationen meist unter 1 mg/L, im Winter können wegen der bei tieferen Temperaturen langsamer ablaufenden Nitrifikation allerdings auch höhere Werte auftreten.

Eine toxische Wirkung der Ammoniumionen auf den Menschen ist nicht bekannt, jedoch sollten hohe Ammoniumionenkonzentrationen als Hinweis auf unhygienische Zustände aufgrund möglicher fäkaler Verunreinigungen ernst genommen werden. Ammoniumionen stehen mit gelöstem Ammoniak in einem Säure-Base-Gleichgewicht, das durch einen pK_S-Wert von 9,3 (bei 25 °C) charakterisiert ist. Aus dem pK_S-Wert läßt sich ableiten, daß unterhalb von pH = 7,3 fast ausschließlich Ammoniumionen vorliegen, während oberhalb von pH = 11,3 das Gleichgewicht fast vollständig auf der Seite des Ammoniaks liegt (Abschn. 4.3.3). Die zunehmende Bildung von Ammoniak bei steigendem pH-Wert ist insbesondere unter dem Aspekt der höheren Fischtoxizität des Ammoniaks zu beachten. Die akute Toxizität wird mit 0,05...3 mg/L NH_3 angegeben [FLE 1993]. Der hohe Sauerstoffverbrauch (2 mol O_2 pro mol NH_4^+, Gln. (5.2), (5.3)) bei der mikrobiellen Oxidation von NH_4^+ zu Nitrat führt in stark ammoniumbelasteten Wässern zur Sauerstoffzehrung, wodurch die Gewässerqualität insgesamt beeinträchtigt wird.

Für Trinkwasser gilt als Grenzwert 0,5 mg/L, bei geogen bedingten Ammoniumgehalten 30 mg/L.

5.2.3   Erdalkaliionen

Aus der Gruppe der Erdalkalien sind Calcium- und Magnesiumionen die wichtigsten Wasserinhaltsstoffe. Die anderen Vertreter dieser Gruppe (Beryllium, Strontium, Barium, Radium) sind von untergeordneter Bedeutung. Sie treten im allgemeinen nur als Spurenstoffe auf, lediglich Strontiumionen sind im Meerwasser in etwas höherer Konzentration (8 mg/L) zu finden.

Der Gesamtgehalt an Erdalkaliionen, im wesentlichen also Calcium- und Magnesiumionen (Ca^{2+}, Mg^{2+}), wird als Wasserhärte bezeichnet. Die Gesamthärte eines Wassers läßt sich in Carbonathärte und Nichtcarbonathärte unterteilen. Die Carbonathärte entspricht der Konzentration an Erdalkaliionen, die der Konzentration der im Wasser enthaltenen Hydrogencarbonat- und Carbonationen äquivalent ist, wobei allerdings bei den für die meisten Wässer typischen mittleren pH-Werten fast ausschließlich Hydrogencarbonationen vorliegen (Abschn. 4.3.3). Charakteristisch für die Carbonathärte ist, daß beim Erhitzen aus den Erdalkaliionen und der äquivalenten Menge Hydrogencarbonationen schwerlösliche Carbonate gebildet werden, z.B. nach der Gleichung

$$Ca^{2+} + 2\ HCO_3^- \rightleftharpoons CaCO_3 \downarrow + CO_2 + H_2O\ . \tag{5.4}$$

Die so entfernbare Carbonathärte wird auch als temporäre oder vorübergehende Härte bezeichnet. Darüber hinausgehende Gehalte an Erdalkaliionen, denen dann entsprechend andere Anionen, wie Sulfat oder Chlorid, zuzuordnen sind, werden als Nichtcarbonathärte (auch bleibende oder permanente Härte) bezeichnet. Die Härte wurde früher in Härtegraden, die in verschiedenen Ländern unterschiedlich definiert waren, angegeben. In Deutschland galt die Definition 1° deutscher Härte (°dH) = 10 mg/L CaO, wobei Calciumoxid als stöchiometrische Bezugsgröße diente. Heute wird - in Übereinstimmung mit dem internationalen Einheitensystem (SI) - für die Angabe der Härte die Stoffmengenkonzentration der Erdalkaliionen oder ihrer Äquivalente (in mmol/L bzw. mol/m^3) verwendet. Es gilt die Umrechnung: 1°dH = 0,178 mmol/L Erdalkaliionen.

Die Härte ist ein wesentliches Gütekriterium eines Wassers und muß bei seiner Nutzung berücksichtigt werden. Bekannt ist, daß Härtebildner die Waschwirkung von Seifen durch Bildung schwerlöslicher Erdalkaliseifen verringern. Überall da, wo hartes Wasser erhitzt wird, besteht die Gefahr der Carbonatausfällung (Kesselsteinbildung) nach Gleichung (5.4). Dies gilt sowohl im Haushalt (Kesselsteinbildung an Töpfen oder an Heizstäben von Haushaltsgeräten) als auch im technischen Bereich (z.B. Dampferzeugung). Als Folge der Kesselsteinbildung tritt zunächst eine Verschlechterung des Wärmeübergangs auf, im Extremfall kann es jedoch auch zur Materialzerstörung kommen. Eine Enthärtung ist deshalb insbesondere bei der Kesselspeisewasseraufbereitung unabdingbar. Auch bei der Nahrungsmittelzubereitung wirkt sich eine zu hohe Härte des Wassers negativ aus. So werden der Geschmack von Kaffee und Tee beeinträchtigt und das Weichkochen von Hülsenfrüchten erschwert. Andererseits verleiht ein gewisser Gehalt an Mineralstoffen dem Trinkwasser einen angenehmen Geschmack.

In natürlichen Gewässern hat eine hohe Carbonathärte dagegen überwiegend positive Wirkungen. Mit steigendem Gehalt an Hydrogencarbonat- bzw. Carbonationen steigt die Bindungskapazität gegenüber Säuren, die z.B. über die atmosphärische Deposition saurer Gase eingetragen werden. Bei weichen Wässern ist die Gefahr der Versauerung wesentlich stärker. Die Härte natürlicher Wässer steht im Zusammenhang mit der geologischen Beschaffenheit der Böden. Die in Kalk-, Gips- oder Dolomitgebieten vorkommenden Wässer sind in der Regel sehr hart, Wässer aus Gebieten mit Basalt- oder Granitböden dagegen weich.

Trinkwasser wird üblicherweise durch Angabe von Härtebereichen charakterisiert (Tab. 5.1).

Tabelle 5.1: Härtebereiche

Bereich	Härtegrad in °dH	Härte in mmol/L	Charakterisierung des Wassers
1	< 7	< 1,3	weich
2	7 ... 14	1,3 ... 2,5	mittelhart
3	14 ... 21	2,5 ... 3,8	hart
4	> 21	> 3,8	sehr hart

5.2.3.1 Calciumionen

Calcium ist mit einem Anteil von 3,6 % das fünfthäufigste Element der Erdkruste. Calciumionen gehören zu den Hauptinhaltsstoffen natürlicher Gewässer. Als wesentliche Quelle ist die Freisetzung aus carbonathaltigen Gesteinen (Kalkstein, Marmor, Dolomit) unter Bildung von Hydrogencarbonat zu nennen:

$$CaCO_{3(s)} + CO_2 + H_2O \rightleftharpoons Ca^{2+}_{(aq)} + 2\ HCO_3^-_{(aq)} . \tag{5.5}$$

Anthropogene Einträge in die Hydrosphäre resultieren aus dem Einsatz kalkhaltiger Düngemittel oder aus Abwassereinleitungen. Calciumverbindungen wie Calciumcarbonat, Calciumsulfat, Calciumoxid oder Calciumhydroxid gehören zu den Grundchemikalien, die als Roh- oder Hilfsstoffe in den verschiedensten Industriebereichen in großen Mengen eingesetzt werden, so daß in Prozeßabwässern durchaus mit größeren Calciumionenkonzentrationen gerechnet werden kann. In der Wasserbehandlung wird Calciumhydroxid in Form von Kalkwasser oder Kalkmilch als Neutralisations- und Fällungsmittel verwendet, so daß hier Calciumionen mit dem gereinigten Wasser abgegeben werden können.

Calcium ist Bestandteil der Knochensubstanz von Mensch und Tier. Der Mensch benötigt bis zu 800 mg/d Ca^{2+}. Für Trinkwasser ist ein Grenzwert von 400 mg/L festgelegt. Auf die Bedeutung von Calciumionen als Härtebildner wurde bereits hingewiesen.

5.2.3.2 Magnesiumionen

Als Begleiter des Calciums findet man in natürlichen Wässern fast immer auch Magnesium, wobei der Magnesiumionengehalt im allgemeinen niedriger ist als der Gehalt an Calciumionen, ein Ausdruck der geringeren geochemischen Häufigkeit des Magnesiums (Anteil an der Erdkruste: 2,1 %). Das Verhältnis von Ca^{2+} zu Mg^{2+} liegt in Süßwässern meist bei 4:1 bis 5:1. Im Meerwasser dominiert dagegen das Magnesium mit einer Konzentration von 1,3 g/L gegenüber dem Calcium mit einer Konzentration von 0,4 g/L. Erhöhte Magnesiumgehalte in Oberflächenwässern werden insbesondere durch Abwässer der Kaliindustrie (z.B. Verarbeitung von Carnallit $KCl \cdot MgCl_2 \cdot 6\,H_2O$) verursacht.

Magnesiumionen verleihen dem Wasser im Zusammenwirken mit Chlorid- und Sulfationen einen bitteren Geschmack, so daß sich der Genuß von Wasser mit sehr hohen Konzentrationen an Magnesiumionen von selbst verbietet. Die Bezeichnung Bittersalz für das Heptahydrat des Magnesiumsulfats weist auf diese Eigenschaft hin. Allerdings benötigt der Mensch eine gewisse Menge an Magnesium, Magnesiummangel kann zu Herzrhythmusstörungen führen.

In einem aufbereiteten Trinkwasser soll die Magnesiumionenkonzentration 50 mg/L nicht überschreiten, wobei geogen bedingte Überschreitungen bis 120 mg/L außer Betracht bleiben.

5.2.4 Aluminiumionen

Aluminium ist mit einem Anteil von 9,13 % das dritthäufigste Element der Erdkruste. Die Gesteine der Erdkruste sind im wesentlichen aus Silicaten und Alumosilicaten aufgebaut. In den Alumosilicaten sind Siliciumatome partiell durch die annähernd gleich großen Aluminiumatome ersetzt. Die strukturelle Vielfalt dieser Verbindungsklasse resultiert zum einen aus den unterschiedlichen Substitutionsmöglichkeiten und zum anderen aus der mit der Substitution einhergehenden Erhöhung der negativen Ladung des anionischen Gerüsts, die durch unterschiedlichste Kationen kompensiert werden kann. Darüber hinaus kann Aluminium in silicatischen Mineralen auch als Kation auftreten. Im sauren Milieu, u.a. auch infolge der zunehmenden Bodenversauerung, wird Aluminium aus den Mineralen freigesetzt und in die Hydrosphäre eingetragen. Das hydratisierte Aluminiumion $[Al(H_2O)_6]^{3+}$ unterliegt in wäßriger Lösung der Hydrolyse (Abschn. 4.6.3). Die dabei in der ersten Stufe ablaufende Reaktion

$$[Al(H_2O)_6]^{3+} \rightleftharpoons [Al(H_2O)_5(OH)]^{2+} + H^+ \tag{5.6}$$

weist das hydratisierte Aluminiumion als BRÖNSTED-Säure aus, deren pK_S-Wert mit 4,9 angegeben wird, d.h., bei pH = 4,9 liegt Aluminium nur noch zu 50 % als hydratisiertes Al^{3+}-Ion vor. Die angegebene Gleichung beschreibt nur die erste Stufe einer Folge von Hydrolyseschritten, die in Abhängigkeit vom pH-Wert zu weiteren, zum Teil auch mehrkernigen Komplexen (z.B. $[Al_6(OH)_{15}]^{3+}$) führt und im alkalischen Bereich beim Aluminat $[Al(OH)_4]^-$ endet. Als Zwischenstufe tritt das schwerlösliche Aluminiumhydroxid $Al(OH)_3$ auf. Die Gesamtkonzentration an gelöstem Aluminium setzt sich also aus der Summe der Konzentrationen des hydratisierten Aluminiumions und aller Hydroxokomplexe zusammen. Die Anteile der einzelnen Spezies sind pH-abhängig und können bei Kenntnis der Komplexbildungskonstanten berechnet werden. Bei pH > 5 dominieren die Hydroxospezies. Daß die Konzentrationen des gelösten Aluminiums in natürlichen Wässern im allgemeinen relativ gering sind, ist auf die Bildung schwerlöslicher Verbindungen, insbesondere des Hydroxids $Al(OH)_3$ (pK_L = 34) oder basischer Phosphate, zurückzuführen. Allerdings nimmt die Löslichkeit des Al^{3+} mit abnehmenden pH-Wert stark zu, was sich vereinfacht am Beispiel des Löslichkeitsgleichgewichts des Hydroxids zeigen läßt (siehe auch Abb. 4.4 in Abschn. 4.6.3):

$$c(\mathrm{Al}^{3+}) = \frac{K_L}{c(\mathrm{OH}^-)^3} = \frac{K_L}{K_W{}^3}\, c(\mathrm{H}^+)^3 \quad . \tag{5.7}$$

Die Aluminiumkonzentrationen in Gewässern variieren stark in Abhängigkeit vom pH-Wert und vom Puffervermögen des Wassers (<10 µg/L ... >1 mg/L).

Die verstärkte Freisetzung der sowohl phytotoxischen als auch fischtoxischen Al^{3+}-Ionen aus Böden und Gewässersedimenten ist eine der negativen Folgen des sauren Regens. Für Warmblüter ist die Toxizität relativ gering. Beim Menschen wird ein Zusammenhang zwischen einer erhöhten Aluminiumaufnahme und dem Auftreten der Alzheimerschen Krankheit vermutet.

Aluminiumsulfat wird als Flockungsmittel in der Trinkwasseraufbereitung und als Fäll- und Flockungsmittel in der Abwasserreinigung (z.B. zur Phosphateliminierung) eingesetzt. Durch Überdosierung oder Nichteinhaltung des optimalen pH-Bereichs können Aluminiumionen in das aufbereitete Wasser gelangen. Eine weitere anthropogene Quelle sind Abwässer der metallverarbeitenden Industrie, zum Beispiel Abwässer aus der Anodisierung (Eloxierung) von Aluminium. Der Grenzwert für diese Abwässer beträgt 3 mg/L. Für Trinkwasser gilt ein Grenzwert von 0,2 mg/L.

5.2.5 Eisenionen

Eisen ist mit einem Anteil von ca. 5 % das vierthäufigste Element der Erdrinde. In natürlichen Wässern tritt Eisen in gelöster Form als hydratisiertes Fe^{2+}-Ion auf, das durch Sauerstoff leicht oxidiert werden kann. Die Oxidation der Fe^{2+}-Ionen zu Fe^{3+}-Ionen nach

$$2\,\mathrm{Fe}^{2+} + 0{,}5\,\mathrm{O}_2 + 2\,\mathrm{H}^+ \rightleftharpoons 2\,\mathrm{Fe}^{3+} + \mathrm{H}_2\mathrm{O} \tag{5.8}$$

läuft nur in saurer Lösung ab. Bei höheren pH-Werten unterliegt das hydratisierte Fe^{3+}-Ion der Hydrolyse:

$$[Fe(H_2O)_6]^{3+} \rightleftharpoons [Fe(H_2O)_5(OH)]^{2+} + H^+ \tag{5.9}$$

$$[Fe(H_2O)_5(OH)]^{2+} \rightleftharpoons [Fe(H_2O)_4(OH)_2]^+ + H^+ . \tag{5.10}$$

Der pK_S-Wert von 2,2 für die erste Reaktion zeigt, daß dieser Prozeß schon bei sehr niedrigen pH-Werten beginnt. Mit weiterer pH-Wert-Erhöhung entstehen höhermolekulare, kolloidale Kondensationsprodukte, die zunehmend schwerer löslich werden und schließlich als Eisen(III)-hydroxid ausfallen. Das Fällungsprodukt wird zwar häufig vereinfachend als $Fe(OH)_3$ bezeichnet, weist jedoch keine einheitliche Zusammensetzung auf. Dem kann durch Verwendung der Bezeichnung Eisenoxidhydrat ($Fe_2O_3 \cdot aq$) Rechnung getragen werden.

Wegen der Überlagerung mit den aufgezeigten Hydrolyseprozessen entsteht bei der Oxidation der Fe^{2+}-Ionen im schwach sauren bis neutralen pH-Bereich schwerlösliches Eisen(III)-hydroxid bzw. -oxidhydrat als Oxidationsprodukt ($Fe(OH)_3$: $pK_L = 38$):

$$2\,Fe^{2+} + 0,5\,O_2 + 5\,H_2O \rightleftharpoons 2\,Fe(OH)_3 \downarrow + 4\,H^+ . \tag{5.11}$$

Diese Reaktion wird auch technisch in der Trinkwasseraufbereitung zur Entfernung gelöster Eisenionen aus Rohwässern genutzt (Enteisenung).

Bei mittleren bis hohen pH-Werten bildet das zweiwertige Eisen unter Beteiligung von Hydrogencarbonat- bzw. Hydroxidionen ebenfalls schwerlösliche Verbindungen ($FeCO_3$, $Fe(OH)_2$), die aber sehr leicht zum Oxidhydrat des dreiwertigen Eisens oxidiert werden.

Die für das Eisen typischen Redox- und Fällungsprozesse bestimmen das Auftreten der verschiedenen Spezies in natürlichen Wässern. In Oberflächenwässern liegen kaum gelöste Eisenionen vor, da Fe^{2+} durch den vorhandenen Sauerstoff oxidiert und Fe^{3+} als Oxidhydrat ausgefällt wird. Komplexbildner, wie zum Beispiel Huminstoffe, können jedoch die Oxidationsstufe +2 stabilisieren.

In stehenden Gewässern kann bei Sauerstoffmangel während der Sommerstagnation (Abschn. 2.2) Eisen als Fe^{2+} aus den schwerlöslichen Verbindungen des Sediments remobilisiert werden, so daß das Tiefenwasser zumindest zeitweise auch gelöstes Eisen enthält. In Grundwässern tieferer Schichten herrscht meist Sauerstoffmangel. Das Fehlen gelösten Sauerstoffs und das Einwirken von CO_2, das aus der Zersetzung organischer Stoffe stammt, auf eisenhaltige Minerale, wie Hämatit Fe_2O_3, Magnetit Fe_3O_4, Siderit $FeCO_3$ oder Pyrit FeS_2, führt zu hohen Eisen(II)-konzentrationen (1...3 mg/L Fe^{2+}), zum Beispiel nach

$$FeS_2 + 2\,CO_2 + 2\,H_2O \;\rightleftharpoons\; Fe^{2+} + 2\,HCO_3^- + H_2S + S\,. \qquad (5.12)$$

Höhere Eisenkonzentrationen sind in sauren Grubenwässern (1000 mg/L) und in einigen Mineralwässern, den sogenannten „Eisensäuerlingen" (10...50 mg/L), zu finden.

Insbesondere die oxidative Verwitterung von Pyrit bzw. Markasit, FeS_2, kann zu einer erheblichen Eisenfreisetzung unter gleichzeitiger drastischer Absenkung des pH-Werts führen:

$$4\,FeS_2 + 15\,O_2 + 14\,H_2O \;\rightleftharpoons\; 4\,Fe(OH)_3 + 8\,SO_4^{2-} + 16\,H^+ \qquad (5.13)$$

$$FeS_2 + 14\,Fe^{3+} + 8\,H_2O \;\rightleftharpoons\; 15\,Fe^{2+} + 2\,SO_4^{2-} + 16\,H^+\,. \qquad (5.14)$$

Ändert sich der Redoxzustand eines Fe^{2+}-haltigen Wassers in Richtung höherer Redoxintensität, zum Beispiel durch Sauerstoffzutritt, so erfolgt die beschriebene Oxidhydratfällung (Gl.(5.11)), an der auch Eisenbakterien beteiligt sein können. An Quellaustritten oder in Brunnen ist das Produkt der Ausfällung als „Eisenocker" zu beobachten.

Als anthropogene Quellen sind vor allem Abwässer aus der metallverarbeitenden Industrie (z.B. Beizereiabwässer) zu nennen. Kohlendioxidreiches, aggressives Trinkwasser kann Wasserleitungen unter Freisetzung von Eisenionen angreifen.

Obwohl eisenhaltiges Wasser nicht gesundheitsschädigend ist und Eisen als Bestandteil des Hämoglobins eine wichtige Funktion beim Sauerstofftransport im Blutkreislauf erfüllt, sind höhere Eisenkonzentrationen im Trinkwasser unerwünscht. Der Grund sind Geschmacksbeeinträchtigungen, die schon ab etwa 0,3 mg/L auftreten können [AUR 1991]. Außerdem besteht bei der Wasserverteilung die Gefahr der Verstopfung von Rohrleitungen durch ausfallendes Eisenoxidhydrat. Der Trinkwassergrenzwert beträgt 0,2 mg/L. Einige industrielle Bereiche (z.B. Papierfabriken oder Wäschereien) benötigen eisenfreies Brauchwasser, damit es nicht zu unerwünschten Ablagerungen gefärbter Fällungsprodukte kommt.

5.2.6 Manganionen

Die für aquatische Systeme bedeutsamen Eigenschaften des Mangans (Anteil an der Erdkruste: 0,1 %) ähneln in vielerlei Hinsicht denen des Eisens. In gelöster Form treten Manganionen (Mn^{2+}) ebenfalls nur unter reduzierenden Bedingungen in Grundwässern und sauerstoffarmen Schichten stehender Gewässer auf. Zweiwertige Eisen- und Manganionen geologischen Ursprungs sind häufig nebeneinander anzutreffen. Wegen der geringen Löslichkeit von $MnCO_3$ und MnS liegen die Mangankonzentrationen in Grundwässern meist unter 1 mg/L. Unter oxidierenden Bedingungen erfolgt eine Umwandlung in die schwerlösliche Verbindung Braunstein (Mangandioxid) MnO_2, wobei wie beim Eisen Bakterien an der Oxidation beteiligt sind:

$$Mn^{2+} + 0,5\ O_2 + 2\ OH^- \rightleftharpoons MnO_2 \downarrow + 2\ H_2O\ . \tag{5.15}$$

Die bei Mangan mögliche Oxidationsstufe +7, die zum Beispiel im Permanganation MnO_4^- auftritt, hat für natürliche Wässer keine Bedeutung. Permanganat ist ein starkes Oxidationsmittel, das durch oxidierbare Wasserinhaltsstoffe sofort reduziert würde. Diese Eigenschaft wird in der Wasseranalytik zur Bestimmung des Gehalts an oxidierbaren (vor allem organischen) Wasserinhaltsstoffen genutzt (Kaliumpermanganatverbrauch).

Mangan ist ein essentielles Element. Aufgrund der relativ geringen Toxizität sind gesundheitsschädigende Wirkungen beim Menschen infolge einer Aufnahme mit dem Trinkwasser nicht zu erwarten. Wie Eisen beeinträchtigt Mangan den Geschmack des Trinkwassers. Die Geschmacksgrenze wird mit 0,5 mg/L angegeben [AHL 1993]. Auch die Auswirkungen auf die Wasserverteilung (Ablagerungen in den Rohrleitungen) sind ähnlich wie beim Eisen. Als Trinkwassergrenzwert gilt 0,05 mg/L. Da Mangan(II)-ionen weniger leicht oxidiert werden als Eisen(II)-ionen, kann sich die Entmanganung von Trinkwasser schwieriger gestalten als die Enteisenung. Wegen der möglichen

Ausfällung gefärbter Niederschläge darf Brauchwasser für spezielle Anwendungsfälle kein Mangan enthalten (vgl. auch Abschn. 5.2.5).

5.3   Anionen

5.3.1   Hydrogencarbonat- und Carbonationen

Hydrogencarbonat- und Carbonationen (HCO_3^-, CO_3^{2-}) sind die Protolyseprodukte der Kohlensäure, exakter des gelösten Kohlendioxids. Entsprechend den Säurekonstanten tritt in den für natürliche Wässer typischen pH-Bereichen fast nur Hydrogencarbonat auf, die Konzentration an gelösten Carbonationen ist in der Regel vernachlässigbar (Abschn. 4.3.3, Abb. 4.2). Hydrogencarbonat ist in allen Wässern zu finden, häufig als das Anion mit der höchsten Konzentration.

Anwesenheit und Konzentration werden entscheidend durch den Kontakt von CO_2-haltigem Wasser mit carbonatischen Mineralen bestimmt. Für die Auflösung von Calciumcarbonat gilt:

$$CaCO_3 + CO_2 + H_2O \rightleftharpoons Ca^{2+} + 2\,HCO_3^- . \tag{5.16}$$

Diese Gleichung beschreibt in zusammengefaßter Form das in Abschnitt 4.9 ausführlich behandelte Kalk-Kohlensäure-Gleichgewicht. Das Gleichgewicht ist eingestellt, wenn im Wasser genau soviel CO_2 gelöst ist, wie benötigt wird, um die Calcium- und Hydrogencarbonationen in Lösung zu halten. Bei höheren CO_2-Konzentrationen erfolgt Auflösung des festen Calciumcarbonats. Das ist zum Beispiel der Fall, wenn Niederschlagswasser bei der Bodenpassage aufgrund des im Vergleich zur Atmosphäre höheren CO_2-Partialdrucks in der Bodenluft mit Kohlendioxid angereichert wird und auf Calciumcarbonat trifft. Mit steigender CO_2-Konzentration geht mehr Carbonat in Lösung, und es stellt sich ein neuer Gleichgewichtszustand mit höheren Calcium- und Hydrogencarbonatkonzentrationen ein. Fehlt dagegen Carbonat oder reicht die Kontaktzeit nicht zur Gleichgewichtseinstellung aus, kann im Wasser ein aggressiver Kohlendioxidüberschuß („freie, nicht zugehörige Kohlensäure") entstehen, der bei der Wassernutzung zu Korrosionsproblemen führt.

Enthält - im umgekehrten Fall - das Wasser weniger Kohlendioxid als dem Kalk-Kohlensäure-Gleichgewicht entspricht, so erfolgt Carbonatausfällung bis zur erneuten Gleichgewichtseinstellung. Dies findet zum Beispiel dann statt, wenn einem Wasser, das sich im Kalk-Kohlensäure-Gleichgewicht befindet, CO_2 durch Temperaturerhöhung (Verringerung der Gaslöslichkeit) oder durch biologische Prozesse (CO_2-Assimilation) entzogen wird. Der letztgenannte Fall wird auch als biogene Entkalkung bezeichnet.

Das durch die Gleichung (5.16) beschriebene Gleichgewichtssystem $CO_{2(g)}$-$H_2O_{(l)}$-$CaCO_{3(s)}$ ist eines der wichtigsten Modelle zur Illustration der Zusammensetzung natürlicher Wässer (vgl. auch Kalk-Kohlensäure-Gleichgewicht, Abschn. 4.9). Die Gleichgewichtskonstante kann durch Kombination des Löslichkeitsprodukts des Calciumcarbonats, der Säurekonstanten der Kohlensäure und des HENRY-Koeffizienten des CO_2 berechnet werden und beträgt bei 25 °C

$$K = \frac{K_L\, H\, K_{S1}}{K_{S2}} = \frac{c(Ca^{2+})\, c(HCO_3^-)^2}{p(CO_2)} \approx 10^{-6}\ \frac{mol^3}{L^3\ bar} \ . \tag{5.17}$$

Aus dem GIBBSschen Phasengesetz folgt, daß bei vorgegebenem CO_2-Partialdruck alle weiteren Gleichgewichtskonzentrationen festgelegt sind.
Unter Verwendung der Elektroneutralitätsbedingung

$$2\, c(Ca^{2+}) = c(HCO_3^-) \tag{5.18}$$

und der Gleichgewichtskonstanten lassen sich für jeden CO_2-Partialdruck die Gleichgewichtskonzentrationen von Ca^{2+}, HCO_3^-, CO_3^{2-}, $CO_{2(aq)}$ sowie der pH-Wert berechnen.
Tabelle 5.2 enthält die Ergebnisse von Gleichgewichtsberechnungen für den Partialdruck des CO_2 in der Atmosphäre ($p(CO_2)$ = $3,3 \cdot 10^{-4}$ bar). Auch wenn diese vereinfachte Rechnung viele Einflußfaktoren (z.B. Komplexbildung, andere Säure-Base- und Fällungsgleichgewichte, zeitliche und örtliche Variation der CO_2-Konzentration, Temperatureinflüsse) unberücksichtigt läßt, so vermittelt sie doch einen Eindruck von der Gleichgewichtslage und insbesondere von der Konzentrationsverteilung der verschiedenen Spezies.
Interessanterweise findet man im Meerwasser mit pH = 7,5...8,3 Werte, die dem Gleichgewichts-pH-Wert zumindest nahe kommen. Viele Flüsse erfül-

len annähernd die Bedingung (5.18). Die in verschiedenen Flüssen der Welt tatsächlich gefundenen Konzentrationen an Calcium- und Hydrogencarbonationen schwanken um den berechneten Gleichgewichtswert, wobei die Schwankungsbreite kaum mehr als eine Zehnerpotenz beträgt [SIG 1995]. Höhere Konzentrationen können u.a auf höhere CO_2-Gehalte, bedingt durch organische Belastung (Abbau zu CO_2) oder Grundwasserzutritt, zurückgeführt werden. Zum Vergleich enthält Tabelle 5.2 auch Berechnungsergebnisse für einen gegenüber der Atmosphäre um den Faktor 100 erhöhten Kohlendioxidpartialdruck - ein Wert, der in der Bodenatmosphäre durch Abbau organischer Substanzen durchaus auftreten kann und damit als Beispiel für die Verhältnisse im Grundwasser steht.

Tabelle 5.2: Modellrechnungen zum System CO_2-H_2O-$CaCO_3$

Komponente	Berechnete Konzentrationen			
	$p(CO_2) = 0,00033$ bar		$p(CO_2) = 0,033$ bar	
	mol/L	mg/L	mol/L	mg/L
Ca^{2+}	$4,35 \cdot 10^{-4}$	17,40	$2,02 \cdot 10^{-3}$	80,80
$CO_{2(aq)}$	$1,09 \cdot 10^{-5}$	0,48	$1,09 \cdot 10^{-3}$	47,96
HCO_3^-	$8,70 \cdot 10^{-4}$	53,07	$4,04 \cdot 10^{-3}$	246,44
CO_3^{2-}	$7,61 \cdot 10^{-6}$	0,46	$1,64 \cdot 10^{-6}$	0,10
pH	8,2		6,9	

Hydrogencarbonationen bestimmen wesentlich das Puffervermögen natürlicher Wässer, das heißt die Fähigkeit, trotz Zufuhr von H^+- oder OH^--Ionen den pH-Wert weitgehend stabil zu halten, was für viele biologische Prozesse von ausschlaggebender Bedeutung ist. Hydrogencarbonat ist an den beiden Puffersystemen CO_2/HCO_3^- und HCO_3^-/CO_3^{2-} beteiligt, deren maximale Pufferkapazitäten bei pH-Werten, die den jeweiligen pK_S-Werten (6,3 und 10,3) entsprechen, liegen (Abschn. 4.3.5).
Aus gesundheitlicher Sicht ist Hydrogencarbonat unbedenklich. Viele Mineralwässer enthalten Hydrogencarbonationen in relativ hohen Konzentrationen (mehrere hundert mg/L). Ein Trinkwassergrenzwert für HCO_3^- existiert nicht. Ein aufbereitetes Wasser soll sich jedoch im Kalk-Kohlensäure-Gleichgewicht befinden (vgl. auch Abschn. 4.9).

5.3.2   Halogenidionen

Aus der Gruppe der Halogenidionen sind vor allem die Chloridionen wegen
ihrer Verbreitung und Konzentration von Bedeutung. Fluorid, Bromid und
Iodid treten nur in deutlich geringeren Konzentrationen auf, verdienen aber
wegen spezieller Wirkungen Beachtung.

5.3.2.1 Chloridionen

Chloride sind im allgemeinen sehr gut löslich, so daß Chloridionen (Cl^-) in
allen Wässern nachzuweisen sind. Besonders hohe Konzentrationen findet
man in Meerwasser (18,98 g/L, höchste Konzentration aller Anionen) und in
der Nähe von Salzlagerstätten. Abwassereinleitungen sowie die Anwendung
von Streusalz im Winter können zu deutlich erhöhten Chloridionenkonzen-
trationen führen. In Oberflächenwässern sind Konzentrationen über 30 mg/L
als Verschmutzungsindikator zu werten. In stark belasteten Flüssen kann die
Chloridionenkonzentration einige hundert mg/L betragen. Grundwässer enthalten meist 10...30 mg/L Cl^-.
Chloridionen unterliegen im Wasser keiner Umwandlung, auch im Boden
werden sie kaum zurückgehalten. Bei den üblichen Verfahren der Abwasserbehandlung und Trinkwasseraufbereitung erfolgt keine Eliminierung.
In hohen Konzentrationen (>100 mg/L) verleihen Chloridionen dem Wasser
einen salzigen Geschmack, dessen Intensität durch die Art der vorhandenen
Kationen beeinflußt wird. Für den Menschen gelten Chloridionen im allgemeinen als gesundheitlich unbedenklich. Es gibt jedoch Hinweise darauf, daß
eine blutdruckerhöhende Wirkung von Natriumionen nur in Kombination mit
Chloridionen auftritt (Abschn. 5.2.1.1).
Für Trinkwasser gilt ein Grenzwert von 250 mg/L.

5.3.2.2 Fluoridionen

Fluorid (F^-) tritt in natürlichen Wässern nur in geringen Konzentrationen auf.
Diese liegen meist unter 0,5 mg/L. Der Mensch benötigt zur Verhinderung
von Karies und zum Skelettaufbau täglich etwa 1,5...2,5 mg F^-. Setzt man
den oberen Wert an und bringt die über die Nahrung (ca. 0,5 mg/d F^-) aufge-

nommene Menge in Abzug, so ergibt sich bei einem Trinkwasserverbrauch von 2 L/d eine erforderliche Konzentration von 1 mg/L. Andererseits kann eine nur geringfügig höhere Fluoridaufnahme (Konzentrationen >1,5...2 mg/L) zu Schädigungen der Zahn- und Knochensubstanz führen. Nützliche und schädliche Wirkung liegen hier also außergewöhnlich eng beieinander. Deshalb und weil Trinkwasser generell nicht als Träger von Medikamenten dienen soll, wird eine allgemeine Trinkwasserfluoridierung, wie sie in der Vergangenheit propagiert und in einigen Gebieten auch durchgeführt wurde, heute abgelehnt. Nach der Trinkwasserverordnung gilt ein Grenzwert von 1,5 mg/L.

5.3.2.3 Bromid- und Iodidionen

Bromid- und Iodidionen (Br^-, I^-) treten in Süßwässern im allgemeinen nur in Spurenkonzentrationen auf. Einige Flußwässer weisen jedoch auch Bromidkonzentrationen über 100 µg/L auf.

Iodmangel führt zur Kropfbildung. Bei der oxidativen Aufbereitung von Trinkwasser (Ozonung) können aus den Halogeniden Bromat (BrO_3^-) und Iodat (IO_3^-) gebildet werden. Bromat gilt als cancerogen. Der möglichen Bromatbildung ist daher bei der oxidativen Trinkwasseraufbereitung besondere Beachtung zu schenken. Bromidionen sind auch an der Bildung halogenorganischer Verbindungen bei der Trinkwasserchlorung und -ozonung beteiligt (Abschn. 5.7).

5.3.3 Sulfationen

Sulfationen (SO_4^{2-}) sind in vielen Wässern in relativ hohen Konzentrationen vorhanden. In Oberflächenwässern treten Konzentrationen bis 100 mg/L und zum Teil auch darüber auf. Als natürliche Quellen sind vor allem die Auflösung von Gips ($CaSO_4 \cdot 2\ H_2O$, Löslichkeit bei 20 °C: 2 g/L) und die chemische bzw. biochemische Oxidation von Sulfiden zu nennen. Erhöhte Gehalte an Sulfationen weisen auf industrielle Abwassereinleitungen hin.

Sulfat ist Bestandteil des mikrobiellen Schwefelkreislaufs. Sulfationen entstehen bei der biochemischen Oxidation von Schwefelwasserstoff bzw. Sulfiden und beim aeroben Abbau organischer Schwefelverbindungen. Sulfatverbrauchende Prozesse im Schwefelkreislauf sind die unter anaeroben Bedingungen ablaufende dissimilatorische Sulfatreduktion (Desulfurikation) und die assimilatorische Sulfatreduktion, bei der schwefelorganische Substanzen (Proteinbestandteile wie Cystein oder Methionin) gebildet werden.

Als weitere potentielle Sulfatquelle kommen atmosphärische Einträge in Betracht. Sie sind vor allem eine Folge der Schwefeldioxidemissionen. Das mit Rauchgasen emittierte SO_2 unterliegt unter den oxidierenden Bedingungen in der Atmosphäre einer Umwandlung zu Schwefelsäure. Der Eintrag in die Hydrosphäre erfolgt mit dem Niederschlag. Im allgemeinen sind die Sulfatkonzentrationen im Regenwasser jedoch nicht höher als die Konzentrationen in Oberflächenwässern, problematisch ist dagegen die mit der Säurebildung verbundene Absenkung des pH-Werts (saurer Regen).

Die oxidative Verwitterung von Sulfiden kann ebenfalls zu hohen Sulfatgehalten in Gewässern führen (Abschn. 5.2.5). Pyrit, FeS_2, ist in reduzierenden Grundwasserleitern auch Reaktionspartner bei der durch *Thiobacillus denitrificans* bewirkten Denitrifikation, bei der Sulfidschwefel zu Sulfat oxidiert wird.

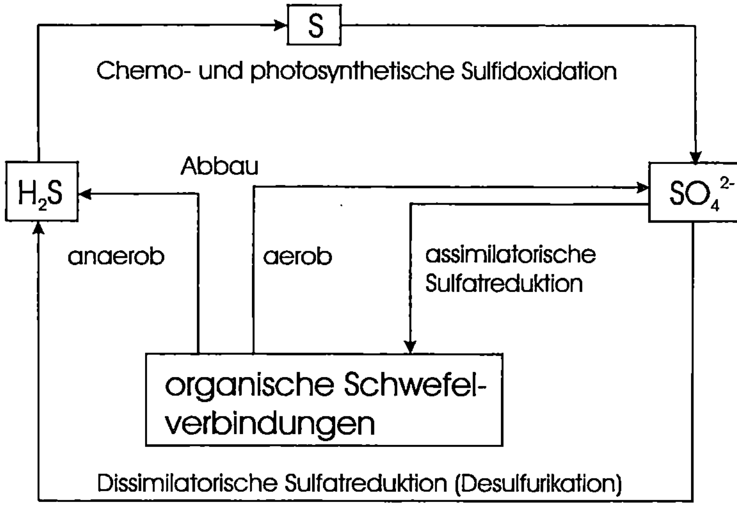

Abb. 5.2: Mikrobieller Schwefelkreislauf (nach [KÜM 1988])

Hohe Sulfatkonzentrationen im Wasser können zu Geschmacksbeeinträchtigungen führen. Darüber hinaus haben sulfatreiche Wässer eine abführende

Wirkung. Hierbei spielen die im Wasser vorhandenen Kationen, vor allem Mg^{2+} und Na^+, eine wesentliche Rolle. In hohen Konzentrationen (>200 mg/L) wirken Sulfationen betonangreifend.

Für Trinkwasser gilt ein Grenzwert von 240 mg/L, wobei geogen bedingte Überschreitungen bis 500 mg/L außer Betracht bleiben.

5.3.4 Nitrat- und Nitritionen

In ausreichend mit Sauerstoff versorgten Wässern ist, abgesehen vom gelösten Luftstickstoff (Sättigungskonzentration bei 10 °C: 18,1 mg/L), Nitrat (NO_3^-) die dominierende anorganische Stickstoffverbindung. Das Auftreten kann geologisch bedingt sein (Salpeter), meist ist das Vorhandensein von Nitrat aber auf anthropogene Einträge (Düngemittelauswaschungen, Kläranlagenabläufe) und biologische Prozesse (vgl. auch Abb. 5.1) zurückzuführen. Wegen der guten Löslichkeit sind Nitratdüngemittel besonders leicht auswaschbar. Ammoniumionen und Harnstoff, ebenfalls Düngemittelkomponenten, können auf dem Weg der mikrobiellen Oxidation (Nitrifikation, Abschn. 4.8.2 und 5.2.2) letztlich auch in Nitrat umgewandelt werden. Auch die Mineralisation organischer Stickstoffverbindungen (z.B. Aminosäuren) führt unter aeroben Bedingungen zum Endprodukt Nitrat. Nitrat wirkt in Gewässern als Nährstoff, aus dem im Verlauf der assimilatorischen Nitratreduktion organische Stickstoffverbindungen aufgebaut werden. Gemeinsam mit dem ebenfalls als Nährstoff wirkenden Phosphat begünstigt Nitrat die Eutrophierung von Gewässern (Abschn. 5.3.5). Bei Sauerstoffmangel können fakultativ anaerobe, heterotrophe Mikroorganismen (Denitrifikanten) Nitratstickstoff als Elektronenakzeptor zum oxidativen Abbau organischer Kohlenstoffverbindungen nutzen. Als Produkt der Denitrifikation wird vor allem Stickstoff, daneben aber auch Nitrit (NO_2^-) und Distickstoffmonoxid (N_2O) gebildet.

Nitrit tritt sowohl bei der Denitrifikation als auch bei der Nitrifikation nur als Zwischenprodukt auf, so daß die mittleren Konzentrationen in Gewässern meist sehr niedrig sind (<1 mg/L).

Nitrat selbst hat im allgemeinen keine gesundheitsschädigende Wirkung. Lediglich bei sehr hohen Konzentrationen können Magen- und Darmreizungen auftreten. Bedenklich sind aber die indirekten Wirkungen, die daraus resultieren, daß Nitrat im Verdauungstrakt zu Nitrit reduziert werden kann.

Nitrit ist in der Lage, Hämoglobin zu Methämoglobin, das nicht mehr zum Sauerstofftransport befähigt ist, zu oxidieren (Methämoglobinämie). Wegen des Mangels an Reduktionsenzymen ist der Säuglingsorganismus (etwa bis zum 6. Lebensmonat) besonders gefährdet. Hinzu kommt noch, daß bei Säuglingen ein Teil des Hämoglobins als besonders leicht oxidierbares fetales Hämoglobin vorliegt. Vom Nitrit ist weiterhin bekannt, daß es mit sekundären Aminen oder Amiden zu krebserregenden Nitrosaminen reagieren kann. Diese indirekten Wirkungen werden auch als sekundäre (Nitrat $\rightarrow$ Nitrit $\rightarrow$ Methämoglobinämie) oder tertiäre (Nitrat $\rightarrow$ Nitrit $\rightarrow$ Nitrosamine $\rightarrow$ Krebs) Wirkungen bezeichnet. Aufgrund dieser Gesundheitsgefährdungen sind hohe Nitrat- und Nitritkonzentrationen im Trinkwasser unerwünscht. Als Nitratgrenzwert gilt nach der Trinkwasserverordnung eine Konzentration von 50 mg/L. Der Grenzwert für Nitrit beträgt 0,1 mg/L.

5.3.5 Phosphate

Bei den Phosphaten hat man zu unterscheiden zwischen den Orthophosphaten, die sich von der Orthophosphorsäure H_3PO_4 ableiten, und den kondensierten Phosphaten, die aus mehreren Phosphatresten durch Wasserabspaltung gebildet werden.
Die Struktur der kondensierten Phosphate kann dabei sowohl offenkettig (Polyphosphate) als auch ringförmig geschlossen (Metaphosphate) sein. Polyphosphate sind in der Lage, Härtebildner (Abschn. 5.2.3) zu binden und deren Ausfällung zu verhindern. Wegen dieser härtestabilisierenden Wirkung wurden Polyphosphate (z.B. Pentanatriumtriphosphat $Na_5P_3O_{10}$) früher häufig in Waschmitteln eingesetzt. Kondensierte Phosphate unterliegen in wäßriger Lösung einer langsamen Hydrolyse unter Bildung von Orthophosphat.
Die Orthophosphorsäure liefert bei stufenweiser Dissoziation die Anionen Dihydrogenphosphat $H_2PO_4^-$ (primäres Phosphat)

$$H_3PO_4 \rightleftharpoons H^+ + H_2PO_4^- \qquad\qquad pK_S = 2,0 \qquad\qquad (5.19)$$

Hydrogenphosphat HPO_4^{2-} (sekundäres Phosphat)

$$H_2PO_4^- \rightleftharpoons H^+ + HPO_4^{2-} \qquad\qquad pK_S = 7,1 \qquad\qquad (5.20)$$

und Phosphat PO_4^{3-} (tertiäres Phosphat)

$$HPO_4^{2-} \rightleftharpoons H^+ + PO_4^{3-} \qquad\qquad pK_S = 12,3 \ . \qquad\qquad (5.21)$$

Aus den pK_S-Werten (hier angegeben für 22 °C) ist abzuleiten, daß in wäßrigen Systemen bei mittleren pH-Werten vor allem primäre und sekundäre Phosphate auftreten sollten. Bei den häufig vorzufindenden schwach alkalischen Gewässern dominiert Hydrogenphosphat.

In natürlichen Gewässern werden die Säure-Base-Reaktionen überlagert durch Fällungsreaktionen. Als potentielle Bindungspartner kommen vor allem Ca^{2+}, Al^{3+} und Fe^{3+} in Frage. Fällungsprodukte sind dabei meist basische Calciumphosphate wie Hydroxylapatit (s.u.) oder basische Aluminium- und Eisenphosphate der allgemeinen Formel $Me(PO_4)_x(OH)_{3(1-x)}$.

Im Falle des Eisens und des Aluminiums erfolgt zusätzlich eine Phosphatbindung an den Oberflächen der Hydroxide bzw. Oxidhydrate, so daß der Phasenübergang insgesamt auf ein komplexes Zusammenwirken von Adsorptions- und Fällungsprozessen zurückzuführen ist.

Die Phosphatfreisetzung aus Calciumphosphatmineralen ist aufgrund der Schwerlöslichkeit dieser Verbindungen relativ gering. Während der pK_L-Wert des Calciumhydrogenphosphats (Brushit, Monetit) von 6,7 noch eine gewisse Löslichkeit erwarten läßt, sind die Apatite (Hydroxylapatit $Ca_{10}(PO_4)_6(OH)_2$, Fluorapatit $Ca_{10}(PO_4)_6F_2$) extrem schwer löslich ($pK_L = 96$ bzw. 118). Im allgemeinen sind die Phosphatkonzentrationen im Wasser sehr gering, sie liegen in unbeeinflußten Fließgewässern meist unter 50 µg/L.

In Gewässern findet ein ständiger Phosphorkreislauf statt (Abb. 5.3), der durch biologische und chemische Umwandlungsprozesse zwischen den drei Bindungsformen des Phosphors (P in der Biomasse, P gelöst und P im Sediment) charakterisiert ist. Vereinfacht läßt sich dieser Kreislauf wie folgt beschreiben: Der gelöste, anorganisch gebundene Phosphor - soweit er nicht durch Fällungsreaktionen aus der wäßrigen Phase entfernt wird - dient als Nährstoff für die photosynthetische Produktion von Phytoplankton und gelangt damit als organisch gebundener Phosphor in die Nahrungskette. Der Phosphor in der Biomasse wird schließlich infolge von Abbauprozessen wieder in anorganisch gebundenen Phosphor überführt. Fällungsprodukte und organische Reste werden im Sediment festgelegt. Der in Form schwerlösli-

cher Verbindungen im Sediment gebundene Phosphor kann nur unter reduzierenden Bedingungen in größerem Umfang wieder freigesetzt werden.
Dieser natürliche Phosphorkreislauf wird durch anthropogene Phosphoreinträge nachhaltig beeinflußt. Als diffuse Quellen sind hier vor allem Düngemittelphosphate (Direkteinträge bei der Ausbringung, Auswaschungen, Erosion) und als punktuelle Quellen Abwassereinleitungen zu nennen. Nach dem weitgehenden Ersatz der in Waschmitteln als Härtestabilisatoren verwendeten Polyphosphate ist die Belastung kommunaler Abwässer zurückgegangen und heute im wesentlichen durch menschliche Ausscheidungen bedingt. Bei einer Abgabe von 1,9 g P pro Einwohner und Tag [KOP 1986] und einem angenommenen Abwasseranfall von 140 L pro Einwohner und Tag resultiert allein aus dieser Quelle eine durchschnittliche Phosphorkonzentration im häuslichen Abwasser von ca. 14 mg/L P.

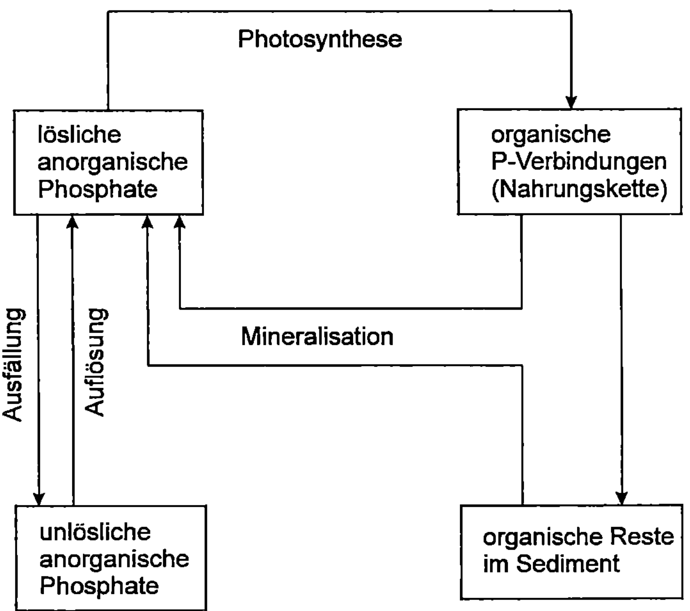

Abb. 5.3: Phosphorkreislauf

Vor allem für stehende Gewässer haben hohe Phosphoreinträge negative Auswirkungen. Da für die photosynthetische Primärproduktion (Abschn. 4.8.2) Stickstoff in Form von Nitrat als Nährstoff in der Regel in ausreichendem Maße vorhanden ist, kommt dem Phosphor die Funktion eines wachstumslimitierenden Faktors (Minimumfaktor) zu. Erhöhte Phosphoreinträge führen zum verstärkten Algenwachstum (Eutrophierung) in den oberen Schichten des Gewässers. Die Primärproduktion kann vereinfacht mit der Bruttogleichung

$$106\ CO_2 + 16\ NO_3^- + HPO_4^{2-} + 122\ H_2O + 18\ H^+ \rightleftharpoons C_{106}H_{263}O_{110}N_{16}P + 138\ O_2 \qquad (5.22)$$

beschrieben werden. Aus der Stöchiometrie des Prozesses folgt, daß 1 g P zum Aufbau von 114,5 g Algenbiomasse führt. Abgestorbene Biomasse sinkt zum Gewässergrund, wo für die zunächst aeroben Abbauprozesse Sauerstoff verbraucht wird. Entsprechend der obigen Reaktionsgleichung sind für die Mineralisierung (Rückreaktion) von 1 g Biomasse 1,24 g Sauerstoff erforderlich. Insbesondere in den Stagnationsphasen (Abschn. 2.2) ist eine ausreichende Sauerstoffnachlieferung aus den oberen Gewässerschichten bzw. aus der Atmosphäre nicht möglich, so daß infolge des Fehlens von Sauerstoff am Gewässergrund reduzierende Bedingungen entstehen. Eine Folge davon ist, daß die aus schwerlöslichem Phosphat und Oxidhydrat des dreiwertigen Eisens gebildete Sperrschicht an der Grenze Sediment-Wasser durch Reduktion (Bildung leichter löslicher Fe^{2+}-Verbindungen) zerstört wird. Dabei kommt es unter anderem zur Freisetzung von im Sediment gebundenem Phosphat nach

$$FePO_{4(s)} + H^+_{(aq)} + e^- \rightleftharpoons Fe^{2+}_{(aq)} + HPO_4^{2-}_{(aq)}\ . \qquad (5.23)$$

Als Elektronendonator kommen dabei der unter reduzierenden Bedingungen vorhandene Schwefelwasserstoff oder organische Verbindungen in Betracht. Freigesetztes Phosphat gelangt während der Zirkulationsphasen in die oberen Gewässerschichten und erhöht dort - zusätzlich zum äußeren Eintrag - das Nährstoffangebot. Damit entsteht ein Kreislauf, der zu einer ständigen Verschlechterung der Gewässerqualität führt. Die Vermeidung oder zumindest Verminderung des Phosphoreintrags ist daher eine vordringliche Aufgabe des Gewässerschutzes. Zur Lösung dieser Aufgabe sind sowohl Maßnahmen zur Verringerung diffuser Einträge als auch zur Erweiterung von Kläranlagen mit Phosphateliminierungsstufen notwendig. Die Phosphateliminierung aus Abwässern kann entweder durch Fällungsverfahren (analog zu den natürlichen Prozessen mit Ca^{2+}, Fe^{3+} oder Al^{3+}) oder durch biologische Prozesse erfolgen.

Aus der Sicht der Trinkwasseraufbereitung stellen Phosphate im allgemeinen kein Problem dar. Überschüssiges Phosphat wird vom menschlichen Organismus wieder ausgeschieden und gelangt somit ins Abwasser (s.o.). In der Trinkwasserverordnung ist als Grenzwert 6,7 mg/L (entspricht 5 mg/L P_2O_5) angegeben.

5.3.6 Borsäure und Borate

In der Erdkruste kommt Bor vor allem in Form von Polyboraten $B_nO_{2n-1}^{(n-2)-}$ (z.B. Borax $Na_2B_4O_7 \cdot 10\ H_2O$, Kernit $Na_2B_4O_7 \cdot 4\ H_2O$) oder borhaltigen Silicaten (z.B. Turmalin) vor. Die Polyborate leiten sich von den im freien Zustand nicht bekannten Polyborsäuren $H_{n-2}B_nO_{2n-1}$ ab. Als Kondensationsprodukte reagieren die Polyborate bei Auflösung mit Wasser unter Rückbildung der Orthoborate ($B(OH)_4^-$) bzw. der Orthoborsäure $B(OH)_3$. In Gewässern tritt Bor in gelöster Form daher vor allem als Orthoborsäure bzw. Orthoborat auf. Die Borsäure $B(OH)_3$ ist eine schwache Säure ($pK_S = 9{,}25$), die mit ihrem Anion gemäß

$$B(OH)_3 + H_2O \rightleftharpoons H^+ + B(OH)_4^- \qquad (5.24)$$

in einem pH-abhängigen Gleichgewicht steht. Aus dem pK_S-Wert ist abzuleiten, daß in neutralen und sauren Wässern die undissoziierte Borsäure dominiert.

Anthropogene Einträge von Bor in Gewässer resultieren aus der vielseitigen Verwendung von Borverbindungen, zum Beispiel in der Glas-, Keramik- und Emaille-Industrie, als Düngemittelkomponente und vor allem als Bestandteil von Waschmitteln. Universalwaschmittel enthalten bis zu 20 % Natriumperborat. Perborate sind Additionsverbindungen aus Boraten und Wasserstoffperoxid (H_2O_2). Das beim Lösen abgegebene H_2O_2 wirkt bleichend und desinfizierend. Borate sind auch in der Lage, Härtebildner auszufällen, da nur die Alkaliborate leicht löslich sind.

Die Borkonzentrationen im Meerwasser liegen bei 4...5 mg/L. Unbeeinflußte Grund- und Oberflächenwässer weisen meist Konzentrationen zwischen 0,01 und 0,1 mg/L auf. Der verbreitete Einsatz in Waschmitteln und die nur geringe Eliminierung bei der Abwasserbehandlung hat zu erhöhten Konzentrationen in Oberflächengewässern geführt. In stark belasteten Flüssen können Konzentrationen über 0,5 mg/L auftreten.

Für Grünalgen und höhere Pflanzen ist Bor essentiell. Seine biochemische Bedeutung ist aber weitgehend unklar.

Als Trinkwassergrenzwert gilt gegenwärtig 1 mg/L Bor. Eine Absenkung dieses Wertes ist in Diskussion, da Ergebnisse neuerer Untersuchungen auf eine humantoxikologische Relevanz hindeuten.

5.3.7 Kieselsäure und Silicate

Silicium ist mit einem Anteil von 27,7 % nach Sauerstoff das zweithäufigste Element der Erdkruste. Die Gesteine der Erdkruste sind im wesentlichen aus Silicaten und Alumosilicaten aufgebaut. Die Vielfalt der festen Silicate bzw. Alumosilicate resultiert zum einen aus den verschiedenen Möglichkeiten der Verknüpfung von SiO_4-Tetraedern (Ringe, Ketten, Bänder, Schichten, dreidimensionale Gerüste) und zum anderen aus der Substitution von Siliciumatomen in diesen Strukturen durch annähernd gleich große Aluminiumatome. Letzteres führt zu den Alumosilicaten, die durch den Austausch eine erhöhte negative Ladung des anionischen Gerüsts aufweisen, welche durch zusätzliche ein- oder mehrwertige Kationen kompensiert werden muß.

Das Auftreten von Kieselsäure H_4SiO_4 (oder $Si(OH)_4$) bzw. ihrer Kondensationsprodukte $(H_2SiO_3)_n$ in Gewässern ist eine Folge der Verwitterung von silicatischen Mineralen. Dies läßt sich am Beispiel der häufig vorkommenden Feldspate zeigen. Die folgenden Gleichungen beschreiben die Verwitterung von Natronfeldspat unter Beteiligung von Wasser und gelöstem CO_2:

$$NaAlSi_3O_8 + 5,5\ H_2O \rightleftharpoons Na^+ + OH^- + 2\ H_4SiO_4 + 0,5\ Al_2Si_2O_5(OH)_4 \quad (5.25)$$

$$NaAlSi_3O_8 + 5,5\ H_2O + CO_2 \rightleftharpoons Na^+ + HCO_3^- + 2\ H_4SiO_4 +$$
$$0,5\ Al_2Si_2O_5(OH)_4. \quad (5.26)$$

Wie die Gleichungen zeigen, treten neben der gelösten Kieselsäure als Verwitterungsprodukte auch feste Tonminerale (hier Kaolinit) auf, die ihrerseits weiteren Umwandlungen (z.B. zu Aluminiumoxid oder gelösten Aluminiumspezies) unterliegen können, wobei erneut Kieselsäure freigesetzt wird.

Auch Quarz als Anhydrid der Kieselsäure löst sich in geringem Umfang:

$$SiO_2 + 2\,H_2O \rightleftharpoons H_4SiO_4\,. \tag{5.27}$$

Die Kieselsäure, H_4SiO_4, ist eine schwache Säure. Der pK_S-Wert der Reaktion

$$H_4SiO_4 \rightleftharpoons H^+ + H_3SiO_4^- \tag{5.28}$$

beträgt 9,5.

Zu erwähnen ist die Eigenschaft der Kieselsäure, relativ stabile kolloidale Lösungen zu bilden. In Fließgewässern werden häufig Konzentrationen (berechnet als gelöstes SiO_2) um 10 mg/L gefunden. In Grund- und Mineralwässern treten auch höhere Konzentrationen auf.

Natriumsilicate gehören als Korrosionshemmer zu den Zusatzstoffen, die zur Trinkwasseraufbereitung zugelassen sind. Im Fall der Anwendung darf die Konzentration nach Aufbereitung nicht höher als 40 mg/L (berechnet als SiO_2) sein. Ein allgemeiner Trinkwassergrenzwert für Kieselsäure bzw. Silicate existiert dagegen nicht.

5.3.8 Selenitionen

Selen gehört zu den seltenen Elementen. Am Aufbau der Erdkruste ist es nur mit ca. $1{,}3 \cdot 10^{-5}$ % beteiligt. Als Element der 6. Hauptgruppe ist Selen Begleiter des Schwefels und findet sich daher häufig in schwefelhaltigen Erzen und in der Kohle. Technische Bedeutung hat Selen vor allem für die Elektronikindustrie (z.B. Herstellung von Photozellen). Anthropogene Quellen des Seleneintrags in Oberflächenwässer sind vor allem Emissionen aus Kraftwerken und aus der Erzverhüttung sowie industrielle Abwassereinleitungen.

Im Wasser liegt Selen in der Oxidationsstufe +4 als Selenit SeO_3^{2-} bzw. Hydrogenselenit $HSeO_3^-$ (pK_S-Werte der selenigen Säure H_2SeO_3: 2,6 und 8,3) vor, seltener in der Oxidationsstufe +6 als Selenat SeO_4^{2-} (pK_S-Wert des

Hydrogenselenats HSO_4^-: 1,7). Selenat ist ein relativ starkes Oxidationsmittel und wird daher in Anwesenheit oxidierbarer Substanzen schnell zu Selenit reduziert. Mikroorganismen können Selen methylieren. Die Selenkonzentrationen in Oberflächenwässern liegen meist unter oder um 1 µg/L.
Sowohl Selenit als auch Selenat sind gut resorbierbar und wirken in höheren Dosen toxisch. Andererseits gilt Selen als essentielles Element. Die Vermutung, daß Selen krebserregend sei, hat sich bisher nicht bestätigt. Der Trinkwassergrenzwert beträgt 0,01 mg/L.

5.3.9 Cyanidionen

In Gewässern auftretende Cyanidionen (CN^-) sind fast ausschließlich anthropogenen Ursprungs. Cyanide werden insbesondere bei der elektrochemischen Oberflächenbehandlung von Metallen (Galvanotechnik) und in Härtereien eingesetzt und können so ins Abwasser gelangen. Weitere Quellen sind die Erzaufbereitung (Cyanidlaugerei) sowie Kokereiabwässer und Abwässer der chemischen Industrie. Die Cyanidkonzentrationen in Gewässern liegen in der Regel unter 10 µg/L.
Das Cyanidion ist das Anion der schwachen Blausäure (Cyanwasserstoffsäure) HCN, mit der es in einem pH-abhängigen Gleichgewicht (pK_S = 9,2) steht. Cyanidionen zeichnen sich durch eine ausgeprägte Tendenz zur Komplexbildung mit verschiedenen Metallen aus, so daß Cyanide in Abwässern der Metallbe- und -verarbeitung meist komplex gebunden vorliegen. Die Stabilität der Komplexe ist unterschiedlich, besonders stabil sind Komplexe mit Eisen als Zentralion, wie zum Beispiel $[Fe(CN)_6]^{3-}$ oder $Fe[(CN)_6]^{4-}$. In der Abwasserreinigung ist eine Entgiftung cyanidhaltiger Abwässer durch Oxidation zu Cyanat CNO^- oder auch durch Druckhydrolyse zu Ammoniak und Ameisensäure möglich. Dabei wirkt sich die Komplexbildung in der Regel negativ auf die Oxidierbarkeit aus.
Cyanidionen und die sich bei entsprechend niedrigen pH-Werten daraus bildende Blausäure sind starke Gifte, die die Atmungsenzyme blockieren. Die letale Dosis für den Menschen liegt bei 1...2 mg/kg Körpergewicht [KOC 1991]. Nach der Trinkwasserverordnung gilt für Cyanid ein Grenzwert von 0,05 mg/L.

5.4   Gelöste Gase

5.4.1   Sauerstoff

Unter den gelösten Gasen nimmt Sauerstoff (O_2) eine herausragende Stellung ein. Er bildet die Lebensgrundlage für alle Wasserorganismen, die durch Sauerstoffatmung Energie gewinnen. Als starkes Oxidationsmittel bestimmt Sauerstoff maßgeblich die Redoxintensität von Wässern (Abschn. 4.5) und ist sowohl an biochemischen wie auch an rein chemischen Oxidationen beteiligt. Die Zufuhr von Sauerstoff erfolgt zum einen durch Aufnahme aus der Atmosphäre und zum anderen durch Photosynthese. Die wichtigsten sauerstoffverbrauchenden Prozesse sind die biochemischen Oxidationen, wie Sauerstoffatmung oder Nitrifikation (Abschn. 4.8.). Bei Sauerstoffübersättigung ist auch ein Stofftransfer in die Atmosphäre möglich. Die Sauerstoffbilanz eines Gewässers ergibt sich aus der Gesamtheit der genannten Prozesse, wobei diese wiederum von verschiedenen Faktoren beeinflußt werden. So verringert sich - wegen der Temperaturabhängigkeit des HENRY-Koeffizienten - die Sauerstoffaufnahme aus der Atmosphäre bei Temperaturanstieg. Bei Erhöhung der Wassertemperatur von 10 °C auf 25 °C sinkt die Sauerstofflöslichkeit um ca. 25 % von 11,2 mg/L auf 8,35 mg/L (Luftdruck: 1 bar, vgl. Abschn. 4.2). Auch hohe Salzkonzentrationen verringern die Löslichkeit. Darüber hinaus kann der Phasenübergang auch durch eine Verschmutzung der Gewässeroberfläche (Mineralölkohlenwasserstoffe, Tenside) behindert werden. Die aktuelle Sauerstoffkonzentration in einem Gewässer wird häufig auch als relativer Sauerstoffgehalt, bezogen auf den Sättigungswert, angegeben. Da die Gaslöslichkeit vom Gesamtdruck abhängt (Gl. (4.5)), muß bei der Berechnung der Sättigungskonzentration neben der Temperatur auch der jeweilige Luftdruck berücksichtigt werden.

Der oxidative Abbau organischer Substanzen ist ein wichtiger Teilprozeß der Selbstreinigung von Gewässern und solange unproblematisch, wie genügend Sauerstoff durch andere Prozesse nachgeliefert werden kann. Ständige Einleitung stark organisch belasteter Abwässer kann jedoch zu einem dauerhaften Sauerstoffdefizit führen.

Fließgewässer mit geringer Tiefe und schneller Wasserbewegung haben im allgemeinen eine günstigere Sauerstoffbilanz als stehende Gewässer. In stehenden Gewässern wird die vertikale Konzentrationsverteilung des gelösten

Sauerstoffs durch den Wechsel von Stagnations- und Zirkulationsphasen bestimmt (Abschn. 2.2). Insbesondere während der Sommerstagnation, wo die stabile thermische Schichtung den vertikalen Stofftransport verhindert, treten typische Konzentrationsverteilungen auf. Diese sind gekennzeichnet durch hohe Konzentrationen in der Nähe der Oberfläche infolge intensiver Photosyntheseprozesse und relativ niedrige Konzentrationen am Gewässergrund durch biogenen Sauerstoffverbrauch und fehlende Nachlieferung aus den oberen Schichten. In den Phasen der Vollzirkulation erfolgt neben dem Temperatur- auch ein Konzentrationsausgleich.

5.4.2 Kohlendioxid

Kohlendioxid (CO_2) gelangt zum einen aus der Atmosphäre (direkt über die Oberfläche oder indirekt als gelöster Bestandteil des Niederschlagswassers) und zum anderen infolge der Stoffwechseltätigkeit von Organismen in die Gewässer. Beim aeroben Abbau werden organische Kohlenstoffverbindungen zu CO_2 und H_2O mineralisiert, beim anaeroben Abbau entstehen zu jeweils etwa 50 % CO_2 und Methan. Infolge biologischer Prozesse im Boden kann sich versickerndes Wasser relativ stark mit CO_2 anreichern. In Grundwässern findet man bis zu mehreren hundert mg/L CO_2. Wie beim Sauerstoff treten in stehenden Wässern vertikale Konzentrationsverteilungen auf, die jedoch eine entgegengesetzte Tendenz aufweisen. Während in den Oberflächenschichten photosynthetischer Verbrauch und relativ geringe Aufnahme aus der Atmosphäre (Löslichkeit bei 10 °C: 0,8 mg/L, vgl. Abschn. 4.2) einen niedrigen CO_2-Gehalt bewirken, liegen die Konzentrationen in tieferen Schichten durch heterotrophe Bioaktivität weitaus höher.
Entsprechend der Reaktion

$$CO_2 + H_2O \rightleftharpoons (H_2CO_3) \rightleftharpoons H^+ + HCO_3^- \rightleftharpoons 2\,H^+ + CO_3^{2-} \qquad (5.29)$$

wirkt gelöstes Kohlendioxid als Säure und beeinflußt maßgeblich den pH-Wert. Für Niederschlagswasser, das im Gleichgewicht mit dem CO_2 der Atmosphäre steht, ergibt sich aus den Säurekonstanten und dem HENRY-Koeffizienten für 25 °C (bei Abwesenheit anderer sauer oder basisch reagierender Gase wie SO_2, NO_x oder NH_3) ein Gleichgewichts-pH-Wert von 5,63. In

Gewässern sind die Verhältnisse komplizierter, was sowohl auf die biologischen Prozesse als auch auf Wechselwirkungen mit festen Phasen zurückzuführen ist. Das in diesem Zusammenhang bedeutsame Kalk-Kohlensäure-Gleichgewicht wurde bereits an anderen Stellen ausführlich beschrieben (Abschn. 4.9, Abschn. 5.3.1). Die Klammer in Gleichung (5.29) soll andeuten, daß H_2CO_3 nur in ganz geringem Umfang aus Kohlendioxid und Wasser gebildet wird. In der Praxis unterscheidet man nicht zwischen $CO_{2(aq)}$ und H_2CO_3.

Obwohl exakt nur für die Verbindung H_2CO_3 zutreffend, wird die Bezeichnung Kohlensäure in der Wasserchemie häufig auch für das gelöste CO_2 (freie Kohlensäure) und mitunter auch für die Dissoziationsprodukte HCO_3^- und CO_3^{2-} (gebundene Kohlensäure) verwendet. Die freie Kohlensäure wird weiter unterteilt in zugehörige und überschüssige freie Kohlensäure. Unter zugehöriger Kohlensäure versteht man den Anteil an der CO_2-Gesamtkonzentration, der zur Einstellung des Kalk-Kohlensäure-Gleichgewichts notwendig ist, d.h. die Konzentration, die erforderlich ist, um das Hydrogencarbonat in Lösung zu halten. Das darüber hinaus vorhandene CO_2 wird als überschüssige freie Kohlensäure bezeichnet.

Da gelöstes Kohlendioxid korrosiv auf metallische und zementhaltige Werkstoffe wirkt, ist bei der Trinkwasseraufbereitung oftmals eine mechanische oder chemische Entsäuerung (CO_2-Entfernung) notwendig. Die Entsäuerung stellt einen relativ starken Eingriff in die chemische Zusammensetzung des Rohwassers dar. Beim mechanischen Austreiben von CO_2 erhöht sich der pH-Wert des Wassers. Bei der chemischen Entsäuerung mit $CaCO_3$ (Kalkstein) oder $CaCO_3 \cdot MgO$ (halbgebrannter Dolomit) entstehen zusätzlich Erdalkali- und Hydrogencarbonationen. Wegen der komplexen Zusammenhänge, bei denen immer auch die Ausgangszusammensetzung des Wassers zu berücksichtigen ist, ist es nicht möglich, einen einzelnen Grenzwert für CO_2 anzugeben. Das Aufbereitungsziel wird vielmehr indirekt über den pH-Wert und die Calciumcarbonatsättigung (Einstellung des Kalk-Kohlensäure-Gleichgewichts) definiert. Nach der Trinkwasserverordnung soll der pH-Wert nicht unter 6,5 und nicht über 9,5 liegen. Zusätzlich gilt, daß bei metallischen und zementhaltigen Werkstoffen (außer passiven Stählen) im pH-Bereich 6,5...8,0 und bei Faserzementwerkstoffen im pH-Bereich 6,5...9,5 der pH-Wert des abgegebenen Wassers nicht unter dem pH-Wert der Calciumcarbonatsättigung (Abschn. 4.9) liegen darf.

5.4.3 Stickstoff

Für den Stoffhaushalt in Gewässern hat gelöster Stickstoff (N_2) nur eine untergeordnete Bedeutung. Stickstoff verhält sich chemisch inert und kann nur von wenigen Mikroorganismen direkt verwertet und in den biologischen Kreislauf eingebunden werden. Der Eintrag in Gewässer erfolgt durch Aufnahme aus der Atmosphäre. Nach dem HENRYschen Gesetz ergibt sich für Stickstoff unter Berücksichtigung seines Partialdrucks in der Atmosphäre eine Löslichkeit von 18,1 mg/L bei 10 °C (Abschn. 4.2). Unter anaeroben Bedingungen wird Stickstoff bei der Denitrifikation (Abschn. 4.8.1) gebildet.

5.4.4 Methan

Methan (CH_4) entsteht beim mikrobiellen Abbau von organischen Stoffen unter anaeroben Bedingungen. Da Methan relativ schlecht löslich ist, wird es zum überwiegenden Teil an die Atmosphäre abgegeben. Ein Teil kann aber auch von methanoxidierenden chemoautotrophen Bakterien dehydriert werden, wobei die dabei gewonnene Energie zur CO_2-Assimilation genutzt wird.

5.4.5 Schwefelwasserstoff

Schwefelwasserstoff (H_2S) entsteht wie Methan beim anaeroben Abbau organischer Substanzen (z.B. Abbau schwefelhaltiger Aminosäuren) oder durch Reduktion von Sulfat. Desulfurikanten nutzen Sulfat für die oxidative Umwandlung organischer Kohlenstoffverbindungen zu CO_2. Die Desulfurikation, bei der Sulfat zu Schwefelwasserstoff reduziert wird, wird auch als dissimilatorische Sulfatreduktion oder - in Analogie zur Sauerstoffatmung - als Sulfatatmung bezeichnet (Abschn. 4.8.1). Da die Bildungsprozesse des Schwefelwasserstoffs an anaerobe Bedingungen gebunden sind, verlaufen sie vor allem am Grund tieferer Gewässer, wo Sauerstoffmangel herrscht. Unter Beteiligung von H_2S erfolgt die Immobilisierung von Metallionen durch Bildung schwerlöslicher Sulfide, die im Sediment abgelagert werden. Ca. 90 % des Gesamtschwefels in Sedimenten liegt als Pyritschwefel (FeS_2) vor.

Wird Schwefelwasserstoff an die Grenze sauerstoffhaltiger Gewässerschichten transportiert, so kann dort - vermittelt durch chemoautotrophe Sulfurikanten - eine Oxidation zu Sulfat erfolgen. Die Sulfurikanten verwenden die dabei gewonnene Energie zur CO_2-Assimilation. Gelangt in Gewässerschichten, die H_2S enthalten, genügend Lichtenergie, so können photoautotrophe Bakterien H_2S anstelle von H_2O zur Photosynthese verwenden, wobei neben Kohlenhydraten Schwefel oder Sulfat entsteht. Andere, ebenfalls photoautotrophe Bakterien sind in der Lage, Schwefel zu Sulfat umzusetzen. Chemo- und photoautotrophe Bakterien wandeln Schwefelwasserstoff also letztlich wieder in Sulfat um, das als Nährstoff zur Assimilation oder als Oxidationsmittel zur Dissimilation dienen kann (Abschn. 4.8.1).

In diesem Zusammenhang sei auf die Darstellung des durch Redoxreaktionen gekennzeichneten mikrobiellen Schwefelkreislaufs in Abschnitt 5.3.3 verwiesen. Das Auftreten der beiden wichtigen Oxidationsstufen -2 (H_2S, Sulfid) und +6 (Sulfat) ist eng mit der Redoxintensität und somit auch mit dem Sauerstoffhaushalt des betrachteten Gewässers verknüpft. Das Auftreten von H_2S ist ein Hinweis auf Reduktions- und Fäulnisprozesse.

Gelöster Schwefelwasserstoff ist eine schwache Säure ($pK_S = 7,1$), im alkalischen Bereich dominieren die durch Dissoziation gebildeten Hydrogensulfidionen HS^-.

H_2S wirkt toxisch auf Algen und Fische. Eine Gefährdung des Menschen durch Aufnahme von Schwefelwasserstoff mit dem Trinkwasser kann ausgeschlossen werden, da bei der Trinkwasseraufbereitung eventuell im Rohwasser (z.B. Grundwasser) vorhandener Schwefelwasserstoff durch Austreiben und oxidative Umsetzung vollständig entfernt wird. Außerdem ist Schwefelwasserstoff durch seinen charakteristischen unangenehmen Geruch (nach faulen Eiern) schon in kleinsten Konzentrationen wahrnehmbar, so daß sich der Genuß eines solchen Wassers von selbst verbieten würde.

5.5   Schwermetalle

5.5.1   Allgemeines

Als Schwermetalle werden Metalle mit einer Dichte >5 g/cm^3 bezeichnet. Die meisten Schwermetalle sind gleichzeitig auch Spurenmetalle, das heißt Metalle mit einem Anteil an der Erdkruste von weniger als 0,1 %. Als Wasserinhaltsstoffe zählen sie mit Konzentrationen unter 0,1 mg/L zu den Spurenstoffen. Eine Ausnahme bilden die bereits in den Abschnitten 5.2.5 und 5.2.6 behandelten Schwermetalle Eisen und Mangan, die sowohl in der Erdkruste als auch in aquatischen Systemen in höheren Konzentrationen auftreten und damit nicht zu den Spurenmetallen bzw. Spurenstoffen zu rechnen sind.

Die natürlichen Hintergrundkonzentrationen der Spurenmetalle liegen im Bereich von 0,01 bis 1 µg/L. Die häufig deutlich (zum Teil um Zehnerpotenzen) höheren Konzentrationen, die in vielen Oberflächenwässern gefunden werden, weisen auf die besondere Bedeutung anthropogener Einträge hin. Als Quellen kommen industrielle Abwässer aus der Erzaufbereitung, der Metallbe- und -verarbeitung sowie aus verschiedensten Industriezweigen, die metallhaltige Produkte herstellen bzw. verwenden (u.a. Farbenherstellung, Pestizidproduktion, Elektronikindustrie, chemische Industrie, Batterieherstellung, Papierherstellung, Lederfabriken), in Betracht. Auch Deponiesickerwässer sind oft stark schwermetallbelastet.

In gelöster Form liegen Schwermetalle häufig in kationischer, mitunter aber auch in anionischer Form vor. Hervorzuheben ist ihre ausgeprägte Tendenz zur Komplexbildung mit anorganischen und organischen Liganden und zur sorptiven Bindung an Schwebstoffe und Sedimentteilchen. Der Transport in Gewässern erfolgt sowohl in gelöster als auch in partikulärer Form.

Schwermetallkationen weisen hinsichtlich ihrer chemischen Eigenschaften viele Ähnlichkeiten auf. Als Beispiel sei hier nur die für Schwermetalle typische Bildung schwerlöslicher Hydroxide und Sulfide genannt.

Ausfällung und Sorption führen zu einer starken Akkumulation von Schwermetallen in den Gewässersedimenten. Unter veränderten Milieubedingungen (pH-Wert, Redoxintensität) kann es zur Remobilisierung kommen.

Im Hinblick auf toxische Wirkungen muß zwischen den essentiellen und den nicht essentiellen Metallen unterschieden werden. Als essentiell werden Metalle bezeichnet, die für Organismen (Pflanze, Tier, Mensch) unentbehrlich sind. Sie erfüllen spezielle Funktionen, zum Beispiel beim Stoffwechsel, und müssen dem Organismus in bestimmter Menge zugeführt werden. Eine zu geringe Aufnahme führt zu Mangelerscheinungen, bei einem Überangebot sind toxische Wirkungen möglich. Die optimale Dosis hängt von der Art des Metalls und natürlich auch vom betrachteten Organismus ab. Einige Metalle sind nur für bestimmte Organismen essentiell. Als generell essentielle

Schwermetalle gelten zum Beispiel Chrom, Mangan, Eisen, Kupfer und Zink. Von Organismen nicht benötigte Metalle wirken meist toxisch und werden nur in geringen Dosen toleriert. Typische Vertreter sind Cadmium und Blei.

Tabelle 5.3: Ausgewählte Schwermetalle

Schwermetall	Dichte in g/cm^3	Mittl. Konzentration in der Erdkruste in mg/kg	Konzentration im Ozeanwasser in $\mu g/L$	Bevorzugte Oxidationszahlen
Arsen	5,72*	1,5...2	3	(-3), +3, +5
Blei	11,34	14...20	3	+2, (+4)
Cadmium	8,65	0,1...0,2	0,1	+2
Chrom	7,20	35...100	0,05	+3, +6
Eisen	7,86	40000...50000	10	+2, +3
Kupfer	8,92	25...50	3	(+1), +2
Mangan	7,40	600...1000	2	+2, +4, (+7)
Nickel	8,90	20...80	0,5	+2
Quecksilber	13,59	0,03...0,08	0,03	+1, +2
Zink	7,14	50...75	10	+2

* metallische Modifikation

Anmerkungen: Die Angaben in Spalte 3 zeigen die Schwankungsbreite verschiedener Literaturdaten. Die Daten in Spalte 4 sind der Quelle [KÜM 1988] entnommen. In Klammern gesetzte Oxidationszahlen (Spalte 5) haben für aquatische Systeme keine oder nur eine untergeordnete Bedeutung.

5.5.2   Quecksilber

Das wichtigste quecksilberhaltige Mineral ist Zinnober (HgS). Aufgrund seines relativ edlen Charakters tritt Quecksilber in der Natur aber auch in metallischer Form auf. HgS ist praktisch unlöslich ($pK_L = 53$), so daß in Gewässern auftretendes Quecksilber vor allem anthropogenen Ursprungs ist. Aufgrund des vielseitigen technischen Einsatzes von Quecksilber und Quecksilberverbindungen (globaler Verbrauch ca. 10 kt/a) sind hohe Einträge in aquatische Systeme (zum Teil indirekt über die Atmosphäre) zu verzeichnen.

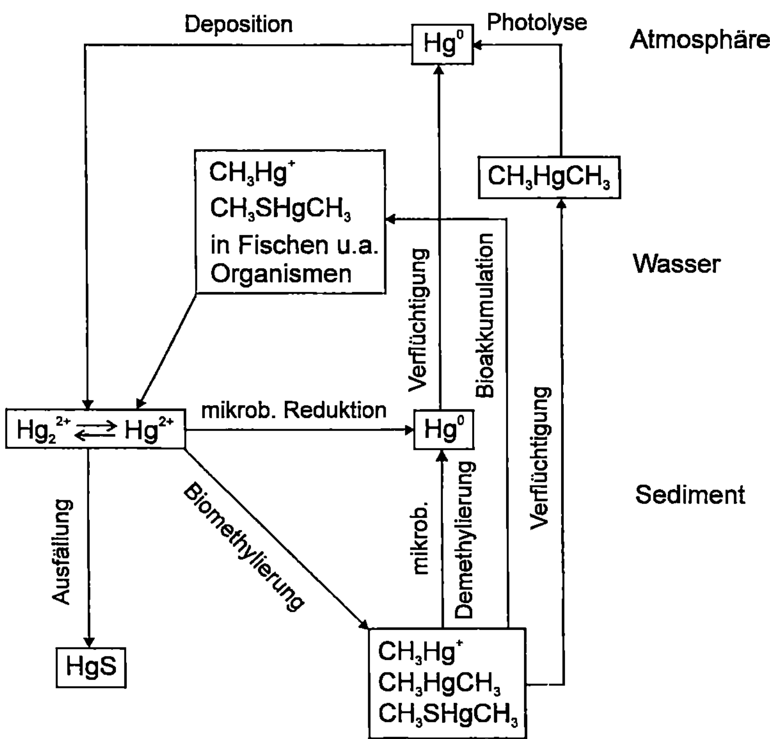

Abb. 5.4: Quecksilberkreislauf (nach [FRI 1985] und [BLI 1991], verändert)

Das gelöste Quecksilber tritt im Wasser als Hg^{2+} oder komplex gebunden als $Hg(OH)_2^{0}$ oder $Hg(OH)Cl$ auf. Unter reduzierenden Bedingungen findet man auch die metallische Form Hg. Ebenfalls unter reduzierenden Bedingungen wird Quecksilber durch Schwefelwasserstoff als Sulfid im Sediment festgelegt. Durch bakterielle Oxidation des Sulfidschwefels kann es jedoch wieder freigesetzt werden. Die Auflösung von Quecksilber wird durch Komplexbildner begünstigt.

Infolge von mikrobiellen Methylierungsprozessen werden - insbesondere im Sediment - auch organische Quecksilberverbindungen wie CH_3Hg^+ oder $(CH_3)_2Hg$ gebildet, die stark lipophil sind und dementsprechend eine hohe Bioakkumulationstendenz zeigen. Durch die Anreicherung in der Nahrungskette werden insbesondere in Fischen häufig hohe Quecksilberkonzentrationen gefunden. Eine Massenvergiftung durch mit Methylquecksilber verseuchte Fische ereignete sich in den 50er Jahren in Japan (Minimata-Krankheit).

Fällung und Auflösung von Quecksilbersulfid, Methylierung und Demethylierung, mikrobielle Reduktion von Hg^{2+} zu Hg, die Verflüchtigung von Quecksilber und Methylquecksilberverbindungen sowie der Eintrag von Quecksilber und Quecksilberverbindungen aus der Atmosphäre oder mit Abwässern sind die wichtigsten Prozesse, die den Stoffkreislauf des Quecksilbers und damit die Konzentrationen der einzelnen Spezies im Gewässer bestimmen. Abbildung 5.4 zeigt in vereinfachter Form den Quecksilberkreislauf.

Die Quecksilberkonzentrationen in Oberflächenwässern liegen bei 0,1 µg/L, für Sedimente werden Werte bis zu einigen µg/g angegeben.

Quecksilber und Quecksilberverbindungen sind giftig. Monomethyl- und Dimethylquecksilber weisen eine besonders hohe Toxizität auf. Im Vergleich zu den anorganischen Quecksilberverbindungen werden die organischen als 10 bis 100 mal toxischer eingestuft. Für Quecksilber gilt ein Trinkwassergrenzwert von 0,001 mg/L.

5.5.3 Cadmium

Die Mobilität des Cadmiums in der Hydrosphäre wird - wie auch bei anderen Metallen - durch die Löslichkeit der Verbindungen und deren Beeinflussung durch pH-Wert und Komplexbildung bestimmt. Carbonat, Hydroxid und Sulfid des Cadmiums sind schwer löslich (Tab. 5.4).

Tabelle 5.4: Schwerlösliche Cadmiumverbindungen

Cadmiumverbindung	pK_L
$Cd(OH)_2$	13,8
$CdCO_3$	13,7
CdS	27,2

Bei niedrigen pH-Werten können Cadmiumionen nach

$$Cd(OH)_2 + 2\,H^+ \rightleftharpoons Cd^{2+} + 2\,H_2O \qquad (5.30)$$

$$CdCO_3 + 2\,H^+ \rightleftharpoons Cd^{2+} + CO_{2(aq)} + H_2O \qquad (5.31)$$

freigesetzt werden. Lösliche Hydroxokomplexe werden erst bei relativ hohen pH-Werten gebildet. Im Meerwasser dominieren Chlorokomplexe ($CdCl^+$, $Cd(OH)Cl$), im Süßwasser treten vor allem Carbonato- und Sulfatokomplexe auf.

Unter anaeroben Bedingungen werden Cd^{2+}-Ionen in Gegenwart von Schwefelwasserstoff als Sulfid gefällt. Bei Sauerstoffzutritt erfolgt die Remobilisierung infolge der mikrobiellen Oxidation des Sulfids zum Sulfat. Cadmium reichert sich in Sedimenten an, die Konzentrationen können 10 mg/kg übersteigen.

Hauptquellen des Cadmiumeintrags in die Hydrosphäre sind die Zinkerzförderung und -aufbereitung (Cadmium kommt mit Zink vergesellschaftet vor), die Cadmiumproduktion sowie verschiedene industrielle Anwendungen, wie zum Beispiel die Galvanotechnik, die Herstellung und Anwendung von Pigmenten und Stabilisatoren oder die Herstellung von Ni-Cd-Batterien. Indirekte Einträge über die Atmosphäre resultieren aus der Emission von Cadmium aus Kohlefeuerungen, Müllverbrennungsanlagen und Metallhütten. Typische Fluß- und Seewasserkonzentrationen liegen bei 0,1...0,5 µg/L.

Cadmiumverbindungen sind stark toxisch. Insbesondere Nieren, Leber, Knochenmark und das Herz-Kreislauf-System werden geschädigt. Die Halbwertszeit im menschlichen Organismus wird mit 15...30 Jahren angegeben. Eine 1947 in Japan beobachtete Cadmiumintoxikation durch Umwelteinflüsse wurde unter dem Namen „Itai-Itai-Krankheit" bekannt. Ursache waren hohe Cadmiumkonzentrationen in einem Fluß, hervorgerufen durch Auslaugung von Abraumhalden eines stillgelegten Zinkbergwerks.

Der Trinkwassergrenzwert für Cadmium beträgt 0,005 mg/L.

5.5.4   Blei

Blei tritt in seinen Verbindungen in den Oxidationsstufen +2 und +4 auf. Aus der hohen Standardredoxintensität ($p\varepsilon° = 24,7$) der Reaktion

$$PbO_2 + 4\,H^+ + 2\,e^- \rightleftharpoons Pb^{2+} + 2H_2O \qquad (5.32)$$

läßt sich ableiten, daß Pb^{2+}-Ionen - anders als zum Beispiel Fe^{2+} oder Mn^{2+} - gegenüber einer Oxidation relativ beständig sind.

Die wichtigsten Bleierze sind Bleiglanz (Galenit) PbS, Cerussit $PbCO_3$ und Anglesit $PbSO_4$. Die meisten Bleisalze sind schwerlöslich. Allerdings weisen Pb^{2+}-Ionen eine ausgeprägte Tendenz zur Bildung von Komplexen mit OH^-, CO_3^{2-}, SO_4^{2-}, Cl^- sowie organischen Komplexbildnern auf. Neben hydratisierten Bleiionen treten in aquatischen Systemen deshalb vor allem lösliche Komplexe auf. Bleiverbindungen in fester Form findet man im Sediment und in suspendierten Schwebstoffen. Grundwasser enthält <10 µg/L, Meerwasser ca. 0,03 µg/L Pb. In Flüssen findet man Pb-Gehalte je nach Belastungsgrad zwischen <0,1 µg/L und >10 µg/L. Im Süßwasser dominieren Carbonatokomplexe, im Meerwasser Chlorokomplexe und im Bodenwasser Komplexe mit Fulvin- und Huminsäuren.

Der biogeochemische Stoffkreislauf des Bleis ist stark anthropogen beeinflußt. Metallurgische Prozesse sowie die Herstellung und Anwendung verschiedenster Massenprodukte (Akkumulatoren, Farbpigmente, Korrosionsschutzmittel, Antiklopfmittel, Glas und Keramik) führen zu relativ hohen Einträgen in die Umwelt und damit auch direkt oder indirekt (über Atmosphäre und Boden) in die Hydrosphäre.

Ein besonderes Problem stellen Bleirohre in alten Hausinstallationen dar. Diese werden insbesondere durch sauerstoff- und kohlendioxidreiche Wässer angegriffen. Derart belastete Trinkwässer können Bleikonzentrationen um 0,1 mg/L aufweisen.

Bleiverbindungen sind giftig, bereits bei Konzentrationen um 0,1 mg/L werden niedere Wasserorganismen geschädigt. Die für Fische toxischen Konzentrationen liegen nur geringfügig höher. Die toxische Wirkung auf den Menschen beruht vor allem auf der Hemmung verschiedener Enzyme. Der Trinkwassergrenzwert beträgt 0,04 mg/L.

5.5.5 Kupfer

Kupfer gelangt vor allem durch industrielle Abwassereinleitungen in die Gewässer. Eine weitere Quelle sind kupferhaltige Algizide und Fungizide. Saures Wasser begünstigt die Korrosion von Kupferrohren und -armaturen, wodurch im Trinkwasser - insbesondere nach längeren Standzeiten in den Rohrleitungen - erhöhte Kupfergehalte auftreten können. Bei der Verwendung des Werkstoffs Kupfer ist daher die Wasserbeschaffenheit zu berücksichtigen. In Oberflächenwässern findet man überwiegend anthropogen bedingte Kupferkonzentrationen im µg/L-Bereich. Aufgrund der Tendenz zur Anreicherung in festen Phasen treten in Sedimenten und Schwebstoffen nicht selten Kupferkonzentrationen >100 mg/kg auf.

In gelöster Form liegt Kupfer vor allem als hydratisiertes Kation oder in Form von Ionenpaaren, wie zum Beispiel $Cu(OH)_2^0$ und $CuCO_3^0$, vor. Daneben ist die Bildung einer Reihe weiterer Komplexverbindungen mit OH^-, CO_3^{2-}, SO_4^{2-}, Cl^- oder organischen Liganden möglich.

Kupfer zählt zu den essentiellen Metallen und wird u.a. für den Aufbau von Enzymen und Blutkörperchen benötigt. Der Tagesbedarf des Menschen liegt bei 2...3 mg und wird durch die Nahrungsaufnahme gedeckt. Kupferhaltiges Wasser weist ab ca. 2 mg/L einen unangenehmen metallischen Geschmack auf. Kupfer ist fischtoxisch, die toxische Wirkung wird durch gleichzeitige Anwesenheit von Zink, Cadmium oder Quecksilber verstärkt. In Eisenrohren können Kupferionen Korrosion durch Lokalelementbildung hervorrufen.

Im Trinkwasser soll der Richtwert von 3 mg/L nicht überschritten werden. Dieser Richtwert hat insbesondere für Hausinstallationen aus Kupfer Bedeutung und gilt für eine Stagnationszeit des Wassers in den Rohrleitungen von 12 Stunden, innerhalb der ersten zwei Jahre nach Neuinstallation ohne Berücksichtigung der Stagnation.

5.5.6 Zink

Unbelastete natürliche Wässer weisen Zinkionenkonzentrationen <10 µg/L auf. Höhere Konzentrationen sind auf die Einleitung von Abwässern, zum Beispiel aus Beizereien, Galvanisierbetrieben und Zinkbergwerken, zurückzuführen. Erhöhte Gehalte im Trinkwasser können aus verzinkten Rohrleitungen stammen, verursacht durch gelöstes Kohlendioxid und erhöhte Chlorid- und Sulfatkonzentrationen. Auch nitrathaltiges Wasser begünstigt die Zinkauflösung. Ähnlich wie beim Kupfer muß deshalb auch bei der Anwendung des Werkstoffs Zink die Wasserqualität berücksichtigt werden. Zink gehört zu den essentiellen Spurenmetallen. Die vom Menschen mit der Nahrung aufgenommene Menge von 10...15 mg/d deckt den Bedarf vollständig. Zinkionenkonzentrationen von mehr als 10 bis 20 mg/L rufen einen unangenehmen Geschmack des Wassers hervor. Auf Wasserorganismen wirken Zinkionen toxisch.

In natürlichen Wässern dominieren im sauren bis neutralen Bereich die hydratisierten Kationen, bei höheren pH-Werten gewinnen neutrale Carbonato- und Hydroxokomplexe ($ZnCO_3^0$, $Zn(OH)_2^0$) an Bedeutung. Zink reichert sich in Sedimenten an, wobei Konzentrationen >1 g/kg auftreten können.

Der Richtwert für Trinkwasser beträgt 5 mg/L. Hinsichtlich der Stagnation in den Rohrleitungen gelten die gleichen Bedingungen wie für Kupfer.

5.5.7 Arsen

Elementares Arsen kann in verschiedenen Modifikationen auftreten. Das stabile metallische Arsen besitzt eine Dichte von 5,7 g/cm^3, so daß Arsen häufig zu den Schwermetallen gerechnet wird. Hinsichtlich seiner chemischen Eigenschaften steht Arsen aber - entsprechend seiner Stellung im Periodensystem der Elemente - zwischen den Nichtmetallen und den Metallen.

Arsen kommt in der Natur vor allem in Form sulfidischer und oxidischer Minerale vor, zum Beispiel als Arsenkies $FeAsS$, Auripigment As_2S_3, Realgar As_4S_4 oder Arsenolith As_2O_3. Arsen ist relativ weit verbreitet und findet sich in den verschiedensten sulfidischen Erzen sowie in der Kohle. Dementsprechend stellen Abgase aus der Erzverhüttung und der Energieerzeugung eine Hauptquelle des anthropogenen Arseneintrags in die Umwelt dar. Nach Deposition sind Anreicherungen in Böden und Gewässern möglich. Ein direkter Eintrag in Gewässer erfolgt über industrielle Abwässer (Lederindustrie, metallurgische Betriebe). Eine weitere Quelle ist die Auslaugung aus Reststoffen, insbesondere Aschen.

Im Wasser tritt Arsen in den Oxidationsstufen +3 und +5 auf. Von der dreiprotonigen Arsensäure H_3AsO_4 leiten sich die Arsenate ab ($pK_{S1} = 2,2$; $pK_{S2} = 7$; $pK_{S3} = 11,5$). Aus den pK_S-Werten ist abzuleiten, daß bei mittleren pH-Werten Arsen(V) überwiegend als Dihydrogenarsenat $H_2AsO_4^-$ und Hydrogenarsenat $HAsO_4^{2-}$ vorliegt. Die Ähnlichkeit mit der Phosphorsäure und den Phosphaten ist unverkennbar (Abschn. 5.3.5). Dies gilt auch für die Ausfällung der Arsenate als wesentlichen Mechanismus der Immobilisierung. Mit Ca^{2+}, Al^{3+} und Fe^{3+} werden schwerlösliche Verbindungen gebildet (Tab. 5.5). Wie bei den Phosphaten werden die genannten Fällungsprozesse durch die Sorption an oxidischen Oberflächen und die Mitfällung mit Eisen-

und Aluminiumhydroxid überlagert. Reduktion oder Biomethylierung (Bildung von Dimethyl- und Trimethylarsin) können Arsen aus dem Sediment wieder mobilisieren.

Tabelle 5.5: Löslichkeitsprodukte von Arsenaten

Arsenate	pK_L	Arsenate	pK_L
$AlAsO_4$	15,8	$Mg_3(AsO_4)_2$	19,7
$Ca_3(AsO_4)_2$	18,2	$FeAsO_4$	20,2

Das Arsentrioxid As_2O_3 (genauer As_4O_6) löst sich in geringem Umfang in Wasser unter Bildung der arsenigen Säure. Die arsenige Säure H_3AsO_3 ist eine sehr schwache Säure (pK_{S1} = 9,2), vergleichbar mit der Borsäure. Sie tritt dementsprechend in Gewässern überwiegend undissoziiert und nur in sehr geringem Maße dissoziiert als Dihydrogenarsenit $H_2AsO_3^-$ auf. Das Verhältnis von drei- zu fünfwertigen Arsenverbindungen hängt von der Redoxintensität im betrachteten Wasser ab. Die Standardredoxintensität $p\varepsilon^\circ$ für die Reaktion

$$0,5 \ H_3AsO_4 + H^+ + e^- \rightleftharpoons 0,5 \ H_3AsO_3 + 0,5 \ H_2O \qquad (5.33)$$

beträgt 9,5. In sauerstoffreichen Wässern dominieren dementsprechend Arsen(V)-verbindungen. Unter stark reduzierenden Bedingungen ist auch die Bildung von metallischem Arsen oder Arsin, AsH_3, möglich.

Die Gesamtkonzentrationen an Arsen in Seen und Flüssen liegen meist unter 10 µg/L. In Grundwässern findet man mitunter - geogen bedingt - erhöhte Arsengehalte. Arsen reichert sich in Sedimenten und verschiedenen aquatischen Organismen an.

Hinsichtlich der Toxizität unterscheiden sich die Oxidationsstufen. Arsen(III)-verbindungen sind im allgemeinen toxischer als die Verbindungen des Arsen(V). Die toxische Wirkung des Arsens wird auf die Fähigkeit, Sulfhydrylgruppen von Enzymen zu blockieren, zurückgeführt. Bei Langzeitaufnahme über das Trinkwasser steigt das Krebsrisiko (insbesondere Hautkrebs). Der seit 1996 geltende Grenzwert für Arsen im Trinkwasser beträgt 10 µg/L (früher 40 µg/L).

5.5.8 Chrom

Chrom kommt in der Natur vor allem als Chromeisenerz (Chromit, $FeCr_2O_4$ bzw. $FeO \cdot Cr_2O_3$) oder Rotbleierz (Krokoit, $PbCrO_4$) vor. Es ist mit einem Anteil an der Erdkruste von ca. 0,01 % nach Eisen, Titan und Mangan das vierthäufigste Schwermetall. Trotz weiter Verbreitung tritt Chrom in der Hydrosphäre jedoch nur in relativ geringen Konzentrationen auf Höhere Konzentrationen (in Flüssen zum Teil bis 50 µg/L) sind meist eine Folge von Abwassereinleitungen. Quellen sind u.a. die Metallindustrie, die Lederindustrie sowie die Pigmentherstellung.

In aquatischen Systemen tritt Chrom in den Oxidationsstufen +3 und +6 auf. Das Cr^{3+}-Kation zeigt eine ausgeprägte Tendenz zur Komplexbildung, wobei die Wassermoleküle des hydratisierten Kations teilweise oder vollständig durch andere Liganden, wie Cl^- oder SO_4^{2-}, ersetzt werden. Mit OH^--Ionen bildet Cr^{3+} das schwerlösliche Hydroxid $Cr(OH)_3$ ($pK_L = 30$). Der im alkalischen Bereich auftretende Hydroxokomplex $[Cr(OH)_4]^-$ reagiert mit Calciumionen ebenfalls zu einer schwerlöslichen Verbindung. Insgesamt ist daher - zusätzlich verstärkt durch Sorptionsprozesse - eine Akkumulation des dreiwertigen Chroms in den Sedimenten zu erwarten.

Die Chrom(VI)-verbindungen sind besser löslich und toxischer als die Chrom(III)-verbindungen. Im Wasser tritt Chrom in sechswertiger Form anionisch auf, wobei pH-abhängige Gleichgewichte zwischen verschiedenen Chrom(VI)-Spezies (Chromat, Dichromat, Hydrogenchromat) existieren:

$$2\,CrO_4^{2-} + 2\,H^+ \rightleftharpoons Cr_2O_7^{2-} + H_2O \qquad\qquad pK = -14,6 \qquad\qquad (5.34)$$

$$Cr_2O_7^{2-} + H_2O \rightleftharpoons 2\,HCrO_4^- \qquad\qquad pK = 1,6 \qquad\qquad (5.35)$$

$$HCrO_4^- \rightleftharpoons H^+ + CrO_4^{2-} \qquad\qquad pK_S = 6,5\,. \qquad\qquad (5.36)$$

Im neutralen Bereich treten bevorzugt die Spezies CrO_4^{2-} und $HCrO_4^-$ auf.
Chrom(VI)-verbindungen sind starke Oxidationsmittel und werden unter natürlichen Bedingungen in Gegenwart von oxidierbarem Material (z.B. organische Wasserinhaltsstoffe) zu Chrom(III) reduziert. Diese Reaktion nutzt man im übrigen auch bei der Bestimmung des Summenparameters CSB

(Chemischer Sauerstoffbedarf), der als Maß für die Konzentration organischer Wasserinhaltsstoffe dient.

$$Cr_2O_7^{2-} + 14\,H^+ + 6e^- \rightleftharpoons 2\,Cr^{3+} + 7\,H_2O \qquad p\varepsilon^\circ = 23 \qquad (5.37)$$

Die Oxidation von Cr^{3+} verläuft dagegen sehr langsam und wird durch Sorptionsprozesse zusätzlich eingeschränkt.

Chrom in Form der dreiwertigen Verbindungen zählt zu den essentiellen Spurenelementen, Chrom(VI)-verbindungen haben dagegen ausgeprägte toxische Eigenschaften. Der Trinkwassergrenzwert für Chrom beträgt 0,05 mg/L.

5.5.9 Nickel

Geogen bedingte Nickelkonzentrationen in Gewässern sind relativ gering (ca. 0,3 µg/L). Erhöhte Nickelgehalte sind eine Folge von Abwassereinleitungen, insbesondere aus der Galvanikindustrie und der Stahlveredlung. Erwähnenswert ist auch der Eintrag über die Atmosphäre als Folge von Emissionen aus Feuerungsanlagen und Verhüttungsbetrieben. Belastete Oberflächenwässer weisen Nickelkonzentrationen um 10 µg/L, zum Teil auch darüber, auf. In gelöster Form tritt Nickel als hydratisiertes Ni^{2+}-Kation auf, es bildet darüber hinaus aber auch lösliche Carbonato- und Hydroxokomplexe. In Sedimenten liegen die Konzentrationen häufig in der Größenordnung von 100 mg/kg. Insgesamt gehört Nickel zu den mobileren Schwermetallen.

Fischtoxisch wirkt Nickel erst bei Konzentrationen über 1 mg/L, wobei die Toxizität von der Wasserhärte abhängt. In harten Wässern ist die Toxizität geringer als in weichen. Nickel gilt als essentielles Spurenelement. Negative Auswirkungen auf die Gesundheit des Menschen sind bisher nur im Zusammenhang mit einem äußerlichen Kontakt (Nickelallergie) oder mit der Inhalation nickelhaltiger Stäube bekannt. Inwieweit allergische Reaktionen durch orale Aufnahme von gelösten Nickelverbindungen hervorgerufen oder gefördert werden, ist noch unklar.

Der Grenzwert für Trinkwasser beträgt 0,05 mg/L.

5.6 Organische Wasserinhaltsstoffe

5.6.1 Einführung

Natürliche und anthropogene organische Stoffe kommen in großer Vielfalt im Wasser vor. Hinsichtlich der Konzentration dominieren im allgemeinen die natürlichen organischen Wasserinhaltsstoffe. Die in Gewässern meist nur im Spurenbereich auftretenden anthropogenen organischen Stoffe verdienen vor allem wegen ihrer toxikologischen bzw. ökotoxikologischen Wirkungen Beachtung.

Bei der Bewertung der Umweltrelevanz anthropogener Wasserinhaltsstoffe sind neben der Toxizität insbesondere die Eigenschaften zu berücksichtigen, die den Verbleib der über punktuelle oder diffuse Quellen eingetragenen Substanzen bestimmen. Hierzu gehören zum Beispiel die Wasserlöslichkeit, die Tendenz zur Bio- oder Geoakkumulation, die Flüchtigkeit und die Stabilität gegenüber biologischen oder chemischen Abbau- bzw. Umwandlungsprozessen. Da diese Eigenschaften im folgenden bei der Behandlung der verschiedenen Gruppen organischer Wasserinhaltsstoffe eine Rolle spielen, sollen sie hier etwas näher erläutert werden.

Die Wasserlöslichkeit, die im allgemeinen mit steigender Temperatur zunimmt, gibt die Konzentrationsobergrenze an, bis zu der die Stoffe in gelöster Form im Wasser auftreten können, und steht damit im engen Zusammenhang mit ihrer Mobilität in aquatischen Systemen. Die üblicherweise für destilliertes Wasser angegebene Löslichkeit kann in realen Wässern durch andere Wasserinhaltsstoffe erhöht oder erniedrigt werden. Durch gelöste Salze wird die Wasserlöslichkeit organischer Substanzen oft verringert (Aussalzeffekt); bestimmte organische Verbindungen (z.B. Tenside) können dagegen als Lösungsvermittler für schwerlösliche Substanzen wirken.

Die Affinität zum Wasser wird als Hydrophilie bezeichnet; polare Stoffe sind im allgemeinen hydrophiler als unpolare. Im Gegensatz zur Hydrophilie bezeichnet der Begriff Lipophilie die Affinität zu Fetten bzw. fettähnlichen Substanzen. Als Modellmaß für Polarität bzw. Hydrophilie oder Lipophilie hat sich der n-Octanol-Wasser-Verteilungskoeffizient P_{OW} (mitunter auch als K_{OW} bezeichnet) bewährt, der die Verteilung einer Chemikalie zwischen organischer und wäßriger Phase beschreibt (P_{OW} = c in n-Octanol / c in Wasser). Da sich der Bereich der P_{OW}-Werte über mehrere Zehnerpotenzen erstreckt, wird meist die logarithmische Angabe log P_{OW} verwendet. Je höher der log P_{OW} eines betrachteten Stoffes ist, um so stärker ist die Tendenz zur Anreicherung in organischen Phasen und damit auch in Fettgeweben bzw. in Organismen allgemein. Insofern besteht eine Korrelation zwischen der Bioakkumulation und dem log P_{OW}.

Unter Bioakkumulation versteht man die Anreicherung von Stoffen in Organismen. Bioakkumulation ist ein Überbegriff, der sowohl die Anreicherung durch direkte Aufnahme aus dem Wasser (Biokonzentration) als auch die Anreicherung durch Aufnahme über die Nahrung (Biomagnifikation) erfaßt. Als Maß für die Bioakkumulation bzw. Biokonzentration dient der Biokonzentrationsfaktor BCF, der die Konzentration im Organismus zur Konzentration im umgebenden Medium ins Verhältnis setzt.

Die abiotische Anreicherung von Umweltchemikalien an festen Phasen (z.B. Böden, Sedimente) wird als Geoakkumulation bezeichnet. Die Geoakkumulation wird im wesentlichen durch Sorptionsprozesse bewirkt; zur Quantifizierung der Stoffverteilung zwischen Feststoff und Wasser dient der Sorptionskoeffizient. Viele anthropogene organische Wasserinhaltsstoffe zeigen eine besonders hohe Affinität zu den organischen Bestandteilen der Feststoffe. Der Sorptionskoeffizient wird daher häufig auf den organischen Feststoffanteil bezogen (K_{OC}). Da die Polarität von Stoffen auch deren Sorptionseigenschaften beeinflußt, beobachtet man meist auch eine Korrelation zwischen K_{OC} und log P_{OW}. Der n-Octanol-Wasser-Verteilungskoeffizient ist somit eine wichtige Größe zur Abschätzung der Bio- und Geoakkumulationstendenz organischer Wasserinhaltsstoffe.

Zur Charakterisierung der Beständigkeit von Chemikalien gegenüber biologischen oder chemischen Abbau- und Umwandlungsprozessen in der Umwelt wird der Begriff Persistenz verwendet. Als persistent werden Stoffe bezeichnet, die nicht oder nur sehr langsam abgebaut werden. Hinsichtlich des biologischen Abbaus trifft dies vor allem auf naturfremde Stoffe (Xenobiotika) zu. Als Maß für die Abbaugeschwindigkeit kann - unabhängig davon, ob der Abbau biologisch oder chemisch erfolgt - die Halbwertszeit verwendet werden. Dies ist die Zeit, innerhalb derer sich die Konzentration des Stoffes im betrachteten Umweltkompartiment auf die Hälfte des Ausgangswertes verringert hat. Die Abbaugeschwindigkeiten und damit auch die Halbwertszeiten sind allerdings stark von den jeweiligen Reaktions- bzw. Milieubedingungen abhängig und von daher nur schwer vergleichbar.

Zur Verringerung der Konzentration einer Chemikalie im Wasser kann auch

die Verflüchtigung beitragen. Insbesondere niedermolekulare Stoffe mit hohem Dampfdruck weisen eine starke Flüchtigkeit (Volatilität) auf.
Die Zahl der in Gewässern auftretenden organischen Inhaltsstoffe ist unüberschaubar. Schätzungen gehen von einer Größenordnung von 100.000 aus. Insofern ist im Rahmen dieser Einführung sowohl hinsichtlich der natürlichen als auch der anthropogenen organischen Wasserinhaltsstoffe eine Beschränkung auf ausgewählte Stoffgruppen unumgänglich. Bei den natürlichen Wasserinhaltsstoffen haben zweifellos die Huminstoffe eine besondere Bedeutung, die sich aus der Häufigkeit ihres Auftretens, ihrer relativen Stabilität und den möglichen Wechselwirkungen mit anderen Inhaltsstoffen ergibt. Bei den Wasserinhaltsstoffen, die vorwiegend oder ausschließlich anthropogenen Ursprungs sind, konzentriert sich die Behandlung vor allem auf Stoffgruppen, die schon länger Gegenstand wissenschaftlicher Untersuchungen sind und über deren Herkunft, Eigenschaften und Wirkungen weitgehend gesicherte Erkenntnisse vorliegen. Die Einteilung der Stoffgruppen erfolgt dabei sowohl nach der chemischen Struktur (z.B. Kohlenwasserstoffe, Halogenkohlenwasserstoffe) als auch nach anwendungs- bzw. wirkungsbezogenen Gesichtspunkten (z.B. Pestizide, Tenside, Komplexbildner).

5.6.2 Natürliche organische Wasserinhaltsstoffe

Das Auftreten natürlicher organischer Verbindungen in Gewässern ist eng mit dem aquatischen Kohlenstoffkreislauf verbunden, der durch die Hauptprozesse Photosynthese (Aufbau von Biomasse aus CO_2, H_2O und Nährstoffen) und Mineralisation (Abbau der Biomasse zu anorganischen Endprodukten) charakterisiert ist. Organismen, abgestorbenes biologisches Material (Detritus), Stoffwechselprodukte und Produkte von Zersetzungs- und Umwandlungsprozessen sind die wesentlichen Erscheinungsformen des organisch gebundenen Kohlenstoffs in aquatischen Systemen. Auswaschungen von Böden tragen ebenfalls zum Gesamtgehalt an organischen Verbindungen bei. Natürliche organische Stoffe treten in Gewässern sowohl in partikulärer Form (z.B. Organismen, Detritus, an mineralischen Feststoffen adsorbierte Verbindungen) als auch in gelöster Form auf. Aufgrund der Vielfalt der möglichen Erscheinungsformen des organisch gebundenen Kohlenstoffs ist die vollständige Erfassung aller Einzelsubstanzen nicht möglich. Zur Charakterisierung der Konzentration an organischen Verbindungen ist man daher auf Summenparameter angewiesen. Gebräuchlich sind die Parameter TOC (Total Organic Carbon - gesamter organisch gebundener Kohlenstoff), POC (Particulate Organic Carbon - partikulärer organisch gebundener Kohlenstoff) und DOC (Dissolved Organic Carbon - gelöster organisch gebundener Kohlenstoff), die über die Beziehung

$$TOC = DOC + POC \qquad\qquad (5.38)$$

verbunden sind. Natürlich werden mit diesen Parametern auch anthropogene organische Stoffe erfaßt; diese machen in der Regel jedoch nur einen geringen Bruchteil des Gesamtgehalts an organischen Inhaltsstoffen aus. Während der DOC-Gehalt von Grund- und Oberflächenwässern meist zwischen <1 und 10 mg/L (in Einzelfällen auch darüber) liegt, treten anthropogene organische Wasserinhaltsstoffe im µg/L- oder ng/L-Bereich auf. Insofern kann - zumindest für Grund- und Oberflächenwässer - der TOC bzw. DOC annähernd dem Gehalt an natürlichen organischen Wasserinhaltsstoffen gleichgesetzt werden. Die Gesamtheit der natürlichen organischen Wasserinhaltsstoffe wird mitunter auch als NOM (natural organic matter) bezeichnet; zur Abgrenzung von definierten Einzelstoffen ist auch die Bezeichnung BOM (background organic matter) üblich. Tabelle 5.6 zeigt typische DOC-Konzentrationen für verschiedene Wässer.

Tabelle 5.6: Typische Konzentrationen von organischem Kohlenstoff in verschiedenen natürlichen Wässern [SIG 1995]

Wasser	DOC in mg/L
Meer	ca. 0,5
Grundwasser	0,5...1,5
Regenwasser	0,5...2,5
Flußwasser	1...10
Eutrophe Seen	2...10
Sümpfe	10...50
Interstitialwasser (Sedimente, Böden)	2...50

Ein Teil der als DOC erfaßten organischen Substanzen sind einfache, biologisch leicht abbaubare Verbindungen (z.B. Kohlenhydrate, Carbonsäuren, Aminosäuren). Aus wasserchemischer Sicht interessanter sind die stabileren Huminstoffe, die sich einer vollständigen Mineralisierung weitestgehend entziehen.

Huminstoffe werden aus natürlichen organischen Substanzen durch chemische und biologische Abbau- und Umwandlungsreaktionen gebildet. Sie sind sowohl in Böden als auch in aquatischen Systemen anzutreffen. Von den drei operationell (d.h. über die zur Charakterisierung eingesetzten Trennoperationen) definierten Fraktionen Humine, Huminsäuren und Fulvinsäuren haben vor allem die löslichen Humin- und Fulvinsäuren Bedeutung für aquatische Systeme. Während die Huminsäuren im sauren pH-Bereich schwerlöslich sind, zeigen die Fulvinsäuren über den gesamten pH-Bereich eine gute Löslichkeit. In aquatischen Systemen dominieren die Fulvinsäuren, die geringere molare Massen und höhere Anteile polarer funktioneller Gruppen aufweisen. Im folgenden wird auf die Unterscheidung der Fraktionen nicht näher eingegangen und nur der allgemeine Begriff Huminstoffe verwendet.

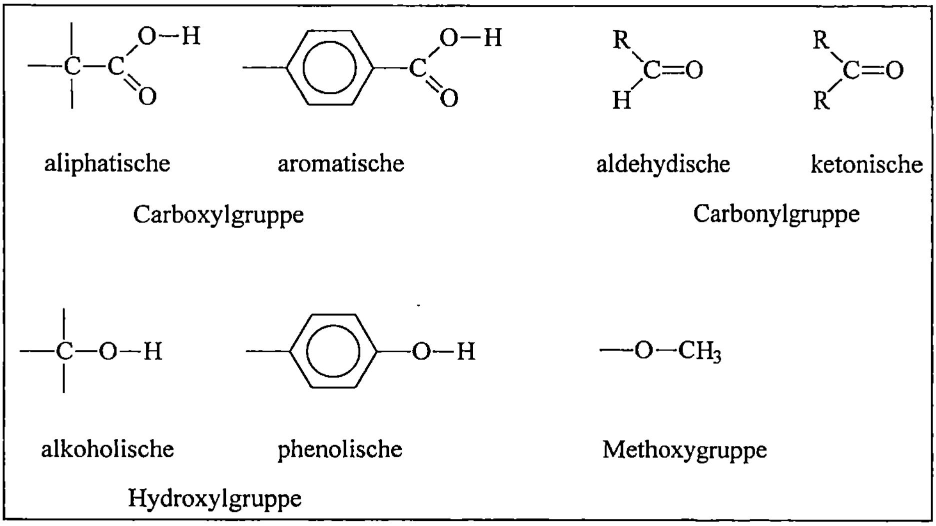

Abb. 5.5: Funktionelle Gruppen in Huminstoffen

Huminstoffe sind keine einheitlichen Verbindungen, es können weder Struktur- noch Summenformeln angegeben werden. Lediglich charakteristische Strukturelemente sind bekannt. Als weitgehend gesichert gelten folgende Eigenschaften: Huminstoffe sind höhermolekulare, dunkel gefärbte Verbindungen mit aromatischen und aliphatischen Strukturen. Außer Kohlenstoff (40...60 Masseprozent) und Wasserstoff (4...6 Masseprozent) treten in Huminstoffen vor allem Sauerstoff (30...50 Masseprozent) und in geringen Anteilen Stickstoff (<6 Masseprozent) und Schwefel (<2 Masseprozent) auf. Der relativ hohe Sauerstoffanteil weist auf die Existenz sauerstoffhaltiger funktioneller Gruppen hin (Abb. 5.5). Diese sind zum Teil zur Protolyse befähigt (COOH- und phenolische OH-Gruppen) und bestimmen den sauren Charakter, ohne daß jedoch - wegen der komplexen Struktur - definierte pK_s-Werte angegeben werden könnten. Huminstoffe sind als Polyelektrolyte anzusprechen. Sie sind darüber hinaus polydispers, ihre Molekülgrößen variieren stark. Die molaren Massen liegen zwischen 500 g/mol und ca. 100.000 g/mol, wobei über die obere Grenze unterschiedliche Angaben existieren. Der Anteil der Huminstoffe am DOC-Gehalt natürlicher Wässer liegt zwischen 50 und 80 % [ABB 1993].
Zu den wichtigsten Eigenschaften der Huminstoffe gehört ihre Fähigkeit, mit Metallionen Komplexe zu bilden, wobei die Heteroatome der funktionellen Gruppen als Donatoratome der Huminstoffliganden wirken. Durch die Existenz benachbarter funktioneller Gruppen können Huminstoffe als mehrzähnige Liganden besonders stabile Chelatkomplexe bilden (Abschn. 4.6.1). Die Komplexbildung beeinflußt Fällungs- und Redoxgleichgewichte der Metalle und hat damit entscheidenden Einfluß auf ihr Transportverhalten in Gewässern. Ein typisches Beispiel ist die Erhöhung der Eisenlöslichkeit durch Stabilisierung der Oxidationsstufe +2 (Abschn. 5.2.5). Daneben können durch Komplexbildung auch die Sorptionsfähigkeit und die Bioverfügbarkeit beeinflußt werden.
Die Wechselwirkungen von Huminstoffen mit anthropogenen organischen Wasserinhaltsstoffen können unterschiedlicher Natur sein und werden gegenwärtig intensiv untersucht. Als Beispiel sollen hier nur die lösungsvermittelnden Eigenschaften der Huminstoffe genannt werden. Sie lassen sich auf die Existenz polarer und unpolarer Strukturelemente, die mit dem Wasser bzw. den hydrophoben Inhaltsstoffen wechselwirken, zurückführen. Damit können Huminstoffe zur Erhöhung der Mobilität hydrophober Verbindungen beitragen.

In der Trinkwasseraufbereitung wirken hohe Huminstoffkonzentrationen im Rohwasser störend. Neben der negativen Beeinflussung von Aufbereitungsverfahren ist hier vor allem ihre Beteiligung an der Bildung von Desinfektions- bzw. Oxidationsnebenprodukten (Abschn. 5.7) zu nennen.

5.6.3   Einfache Kohlenwasserstoffe - Mineralöle, Benzine

Als Kohlenwasserstoffe werden organische Verbindungen bezeichnet, die nur aus Kohlenstoff und Wasserstoff bestehen und keine funktionellen Gruppen besitzen. Zu dieser Stoffgruppe gehören die aliphatischen Kohlenwasserstoffe (Alkane, Alkene, Alkine, Cycloaliphaten) sowie die aromatischen Verbindungen (ringförmige Verbindungen mit delokalisierten π-Elektronen). Von den aromatischen Kohlenwasserstoffen sollen hier nur die monocyclischen Vertreter mit 6 bis 8 C-Atomen, die sogenannten BTXE-Aromaten (Benzol, Toluol, Xylol, Ethylbenzol; Abb. 5.6), betrachtet werden. Die polycyclischen Aromaten werden gesondert behandelt (Abschn. 5.6.4).

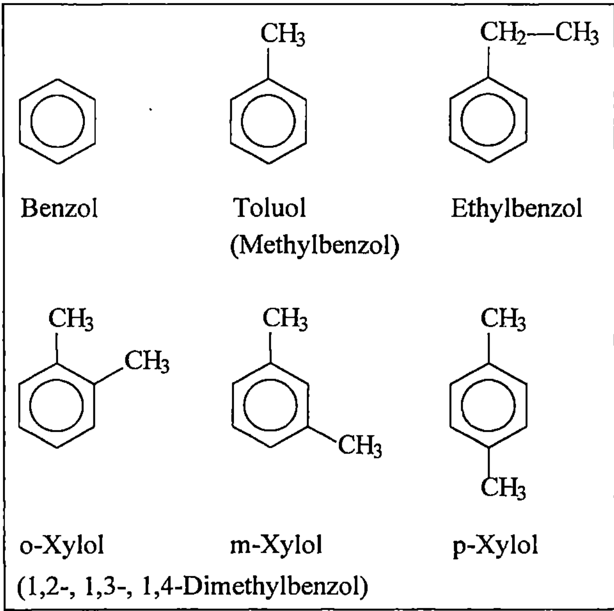

Abb. 5.6: BTXE-Aromaten

Aliphatische (Alkane, Alkene, Cycloaliphaten) und aromatische Kohlenwasserstoffe treten vor allem als Bestandteile des Erdöls und der daraus hergestellten Produkte (Benzine, Schmier- und Heizöle) auf. In diesem Zusammenhang wird auch der Begriff Mineralölkohlenwasserstoffe verwendet. Erdöl und Erdölprodukte sind stets Gemische verschiedenster Kohlenwasserstoffe. Zusätzlich können in diesen Gemischen in geringen Anteilen auch Verbindungen mit Heteroatomen enthalten sein.

Eine besonders große Vielfalt bezüglich der Molekülgröße der Gemischkomponenten weist das Rohöl auf, in dem auch Verbindungen vorkommen, die als Einzelsubstanzen gasförmig oder fest wären. Die Anzahl der C-Atome der Erdölkomponenten variiert dementsprechend zwischen 1 und >20. Die primär durch Destillation und Raffination hergestellten Produkte zeigen engere Molekülgrößenverteilungen (z.B. Rohbenzin: $C_5...C_{12}$; Heizöl: $C_{12}...C_{18}$). Dennoch ist auch hier die Zahl der Einzelkomponenten kaum überschaubar, was vor allem eine Folge des Auftretens von Isomeren (Verbindungen mit gleicher Summen-, aber unterschiedlicher Strukturformel) ist. Mit zunehmender Anzahl von C-Atomen steigt - insbesondere bei den kettenförmigen Kohlenwasserstoffen mit ihren vielfältigen Verzweigungsmöglichkeiten - die Zahl der isomeren Verbindungen sprunghaft an. So existieren allein vom Decan ($C_{10}H_{22}$) 75 Isomere.

Bei Förderung, Transport (Tankerspülungen und -havarien) und Verarbeitung des Erdöls sowie durch unsachgemäßen Umgang mit den Produkten können Kohlenwasserstoffe ins Wasser gelangen. Viele aliphatische und insbesondere aromatische Kohlenwasserstoffe sind darüber hinaus wichtige Zwischen- und Endprodukte der chemischen Industrie, so daß als Eintragspfad neben der Erdölverarbeitung auch andere industrielle Abwassereinleitungen in Betracht zu ziehen sind. Verschiedene aliphatische und aromatische Kohlenwasserstoffe finden auch als Lösungsmittel Anwendung. Mit den Abgasen aus Verbrennungsmotoren werden erhebliche Mengen unverbrannter Kohlenwasserstoffe in die Atmosphäre emittiert, von wo aus sie durch nasse Deposition schließlich auch in Gewässer gelangen können.

Die Kohlenwasserstoffe weisen eine gewisse Wasserlöslichkeit auf, die bei den Aromaten höher ist als bei den Aliphaten vergleichbarer Molekülgröße. Bei den aliphatischen Kohlenwasserstoffen nimmt die Wasserlöslichkeit mit zunehmender Kettenlänge ab, dementsprechend steigt in gleicher Richtung die Lipophilie (Tab. 5.7). In Oberflächenwässern können einzelne Aromaten in Konzentrationen bis zu mehreren µg/L auftreten.

Bei Eintrag großer Ölmengen in Gewässer, z.B. als Folge von Tankerhavarien, bilden sich Emulsionsschichten auf der Gewässeroberfläche, die - zusätzlich zur direkten Schädigung von Organismen - den Gasaustausch zwischen Wasser und Atmosphäre behindern und damit die Lebensbedingungen von Wasserorganismen drastisch verschlechtern.

Aliphatische und aromatische Kohlenwasserstoffe sind biologisch abbaubar. Bei den Aliphaten hat die Struktur der Kohlenstoffkette einen wesentlichen Einfluß auf die Geschwindigkeit des Abbaus. Unverzweigte Ketten mit kurzen bis mittleren Kettenlängen werden relativ rasch metabolisiert. Mit zunehmendem Verzweigungsgrad nimmt die Persistenz zu. Hohe Anteile verzweigter Kohlenwasserstoffe sind zum Beispiel in klopffesten Benzinen zu finden. Wie auch bei anderen organischen Wasserinhaltsstoffen ist der biologische Abbau mit einer Sauerstoffzehrung im Gewässer verbunden.

Tabelle 5.7: Eigenschaften einiger ausgewählter Kohlenwasserstoffe

Kohlenwasserstoff	Summenformel	Wasserlöslichkeit in mg/L	$\log P_{OW}$
n-Hexan	C_6H_{14}	12,3[*]	4,1
n-Heptan	C_7H_{16}	3,1[*]	4,7
n-Octan	C_8H_{18}	0,6[**]	5,2
Hex-1-en	C_6H_{12}	69,7[*]	3,4
Hept-1-en	C_7H_{14}	18,2[*]	4,0
Oct-1-en	C_8H_{16}	4,1[*]	4,6
Cyclohexan	C_6H_{12}	55,0[**]	3,4
Benzol	C_6H_6	1780[**]	2,0
Toluol	C_7H_8	470[***]	2,4
o-Xylol	C_8H_{10}	175[*]	3,1
m-Xylol	C_8H_{10}	162[*]	3,2
p-Xylol	C_8H_{10}	185[*]	3,2
Ethylbenzol	C_8H_{10}	866[**]	3,2

[*] 25 °C [**] 20 °C [***] 16 °C

Niedere Kohlenwasserstoffe zeigen eine relativ hohe Flüchtigkeit, so daß auch mit einem Übergang primär ins Wasser eingetragener Verbindungen in die Atmosphäre gerechnet werden kann.

Sowohl in gelöster als auch in ungelöster Form, zum Beispiel als Ölfilme, zeigen viele Kohlenwasserstoffe eine starke Tendenz zur Ausbreitung in Gewässern mit entsprechenden negativen Auswirkungen auf die Trinkwassergewinnung. Man rechnet, daß 1 L Mineralöl ca. 10^6 L Wasser unbrauchbar machen kann. Benzol als bedeutendster Vertreter der Aromaten gilt als krebserregend. Der Trinkwassergrenzwert für gelöste oder emulgierte Kohlenwasserstoffe bzw. Mineralöle beträgt 0,01 mg/L.

5.6.4   Polycyclische aromatische Kohlenwasserstoffe

Als polycyclische aromatische Kohlenwasserstoffe (PAK, engl. PAH) bezeichnet man kondensierte aromatische Ringsysteme, in denen vor allem Benzol-, zum Teil aber auch C_5-Ringe über gemeinsame Kohlenstoffatome verknüpft sind (Abb. 5.7). Die Stoffklasse der PAK umfaßt eine Vielzahl von Verbindungen, die sich durch Anzahl und Anordnung der Ringe unterscheiden. Häufig wird auch das bicyclische Naphthalin den PAK zugerechnet.

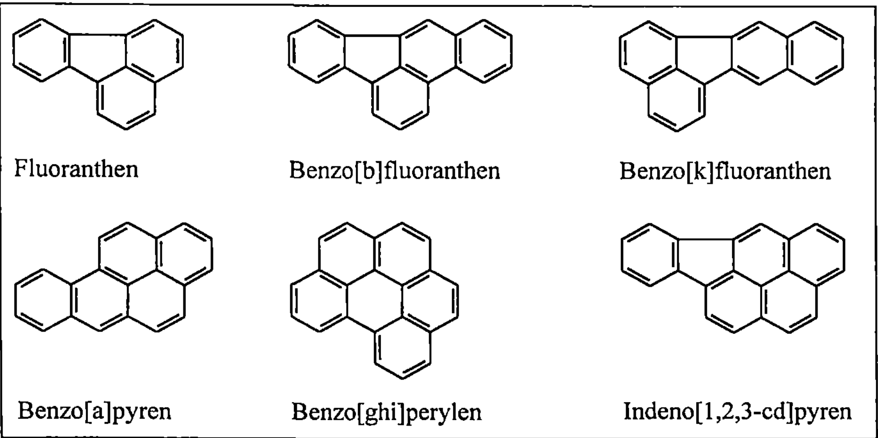

Abb. 5.7: Strukturformeln ausgewählter PAK (6 PAK nach TrinkwV)

Bis auf wenige Ausnahmen (z.B. Naphthalin, Anthracen) haben PAK keine technische Bedeutung und werden nicht zielgerichtet hergestellt. Sie entstehen aber als unerwünschte Nebenprodukte bei thermischen Prozessen, bei denen kohlenstoff- und wasserstoffhaltige Ausgangsmaterialien unter dehydrierenden Bedingungen auf Temperaturen über 700 °C erhitzt werden. Typische Quellen sind Pyrolyseprozesse und unvollständige Verbrennungen. Die in die Atmosphäre emittierten PAK gelangen - meist an Feststoffteilchen gebunden - durch Deposition in die Umweltkompartimente Boden und Wasser. Besonders hohe Bodenbelastungen findet man an Altstandorten von Kokereien, Gaswerken und teerverarbeitenden Betrieben, so daß Grundwassergefährdungen hier nicht auszuschließen sind. PAK finden sich auch in kommunalen und industriellen Abwässern. Wegen des PAK-Gehalts von Teer und Bitumen kommen als Eintragspfad in Gewässer auch Abwaschungen von Dächern, Straßen oder anderen Flächen in Betracht. In geringem Umfang entstehen PAK durch biologische Prozesse.

Tabelle 5.8: Eigenschaften polycyclischer Aromaten (16 PAK nach EPA)

PAK	Ring-zahl	molare Masse in g/mol	Wasserlöslichkeit in mg/L	log P_{OW}
Naphthalin	2	128	30,0	3,37
Acenaphthylen	3	152	3,93	4,07
Acenaphthen	3	154	3,47	4,33
Fluoren	3	166	1,98	4,18
Phenanthren	3	178	1,29	4,46
Anthracen	3	178	0,07	4,45
Fluoranthen	4	202	0,26	5,33
Pyren	4	202	0,14	5,32
Benz[a]anthracen	4	228	0,014	5,61
Chrysen	4	228	0,002	5,61
Benzo[b]fluoranthen	5	252	0,0012	6,57
Benzo[k]fluoranthen	5	252	0,0006	6,84
Benzo[a]pyren	5	252	0,0038	6,04
Dibenzo[ah]anthracen	5	278	0,0005	5,97
Indeno[1,2,3-cd]pyren	6	276	0,062	7,66
Benzo[ghi]perylen	6	276	0,0003	7,23

Polycyclische aromatische Kohlenwasserstoffe sind ubiquitär und damit auch in den verschiedensten Bereichen der Hydrosphäre zu finden. Die Wasserlöslichkeit der PAK zeigt im Trend eine Abnahme mit steigendem Kondensationsgrad bzw. zunehmender molarer Masse (Tab. 5.8). Gleichzeitig erhöht sich in dieser Richtung die Tendenz zur Geoakkumulation, das heißt zur Adsorption an festen Phasen, insbesondere an organischem Material. PAK kommen daher in Gewässern nicht nur gelöst, sondern in erheblichem Umfang auch gebunden an Sedimente und Schwebstoffteilchen vor.

Es gibt auch Hinweise darauf, daß PAK im Boden in langen Zeiträumen in Huminstoffstrukturen eingebaut werden können. Die Werte des in Tabelle 5.8 ebenfalls angegebenen n-Octanol-Wasser-Verteilungskoeffizienten als Maß für die Lipophilie weisen auf eine Zunahme der Bioakkumulation mit steigender molarer Masse und abnehmender Wasserlöslichkeit hin. Daß polycyclische aromatische Kohlenwasserstoffe trotz relativ schlechter Wasserlöslichkeit in aquatischen Systemen mobil sind, kann mit dem durch Schwebstoffe vermittelten Transport oder mit der Solubilisierung durch oberflächenaktive Substanzen erklärt werden.

Über die akute Toxizität der polycyclischen aromatischen Kohlenwasserstoffe ist noch wenig bekannt. Einige PAK sind jedoch als cancerogen und/oder mutagen einzustufen. Dies gilt zum Beispiel für Benzo[a]pyren, Benzo[b]fluoranthen, Benz[a]anthracen und Chrysen. Bei der Umweltüberwachung bezieht man sich im allgemeinen auf Leitsubstanzen. Die in der Tabelle 5.8 aufgeführten 16 PAK sind die Vertreter dieser Stoffklasse, die aufgrund ihrer Häufigkeit und Umweltrelevanz Eingang in die Liste der US-amerikanischen Umweltbehörde (Environmental Protection Agency, EPA) gefunden haben. In der deutschen Trinkwasserverordnung ist die Überwachung von 6 repräsentativen und gut nachweisbaren PAK (Fluoranthen, Benzo[b]fluoranthen, Benzo[k]fluoranthen, Benzo[a]pyren, Benzo[ghi]perylen, Indeno[1,2,3-cd]pyren, vgl. Abb. 5.7) festgelegt. Von diesen 6 PAK tritt Fluoranthen häufig mit der höchsten Konzentration auf. In Flüssen sind mitunter Konzentrationen über 1 µg/L zu finden, in Grundwässern liegen die Konzentrationen meist im unteren ng/L-Bereich. Für die Summe der 6 PAK gilt ein Trinkwassergrenzwert von 0,2 µg/L (berechnet als C).

5.6.5 Phenole

Phenole sind ein- oder mehrfach hydroxylierte aromatische Verbindungen. Je nach Anzahl der Hydroxylgruppen unterscheidet man ein-, zwei- und dreiwertige Phenole. Die Stoffgruppe der Phenole weist eine außerordentlich große Vielfalt auf. Dies erklärt sich aus den verschiedenen Substitutionsmöglichkeiten am aromatischen Ring. Als Substituenten kommen u.a. Chlor, verschiedene Alkyl- und Arylreste, die Nitrogruppe, die Aminogruppe, die Carbonyl- und die Carboxylgruppe in Betracht. Die Substituenten können zudem in unterschiedlicher Anzahl und in verschiedenen Kombinationen auftreten. Auch von kondensierten Aromaten leiten sich phenolische Verbindungen ab (z.B. Naphthol). Abbildung 5.8 zeigt eine Auswahl einfacher Phenole.

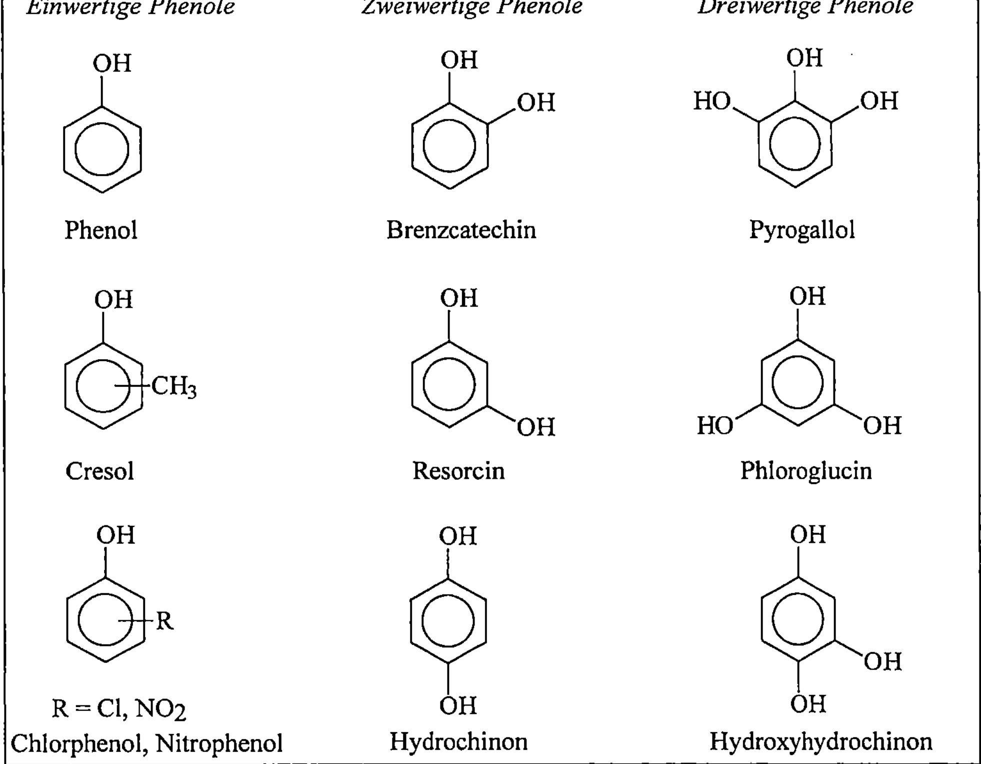

Abb. 5.8: Strukturformeln ausgewählter Phenole

Phenole sind wichtige Zwischenprodukte der chemischen Industrie. Sie dienen u.a. zur Herstellung von Kunststoffen, Weichmachern, Pestiziden, Farbstoffen, Sprengstoffen, Detergentien und Desinfektionsmitteln und können durch industrielle Abwassereinleitungen in die Gewässer gelangen. In Gewässern auftretende Phenole sind zum Teil auch natürlichen Ursprungs. So finden sich Phenole und Phenolderivate (z.B. Ester) in den natürlichen Ausscheidungsprodukten von Mensch und Tieren. Phenole werden auch bei der Zersetzung von pflanzlichem Material (Holz, Blätter, Nadeln, Harz) gebildet, so daß in Gewässern ein natürlicher Phenolgehalt existiert, der jahreszeitlichen Schwankungen unterliegt.

Die umweltrelevanten Eigenschaften, wie Wasserlöslichkeit, Lipophilie, Bioakkumulation, Geoakkumulation und Toxizität, zeigen eine relativ große Variationsbreite und werden sowohl durch die Grundstruktur (Anzahl der OH-Gruppen) als auch durch die Anwesenheit weiterer Substituenten bestimmt. Gleiches gilt auch für die biologische Abbaubarkeit. Insofern ist zur Bewertung in jedem Fall eine Einzelstoffbetrachtung erforderlich. Die folgenden Ausführungen beschränken sich im wesentlichen auf das Phenol (Hydroxybenzol), von dem sich die Bezeichnung der Stoffgruppe ableitet. Die unter dem Aspekt der Umweltrelevanz bedeutsamen Chlorphenole werden bei den halogenorganischen Verbindungen (Abschn. 5.6.6.2) abgehandelt.

Phenol weist eine hohe Wasserlöslichkeit (67 g/L bei 20 °C), eine geringe Lipophilie (log P_{OW} = 1,1) und dementsprechend eine geringe Tendenz zur Bio- und Geoakkumulation auf. Aufgrund der möglichen Protonenabspaltung aus der Hydroxylgruppe sind Phenole BRÖNSTED-Säuren. Phenol selbst ist eine schwache Säure mit einem pK_S-Wert von 10; die pK_S-Werte anderer Phenole weichen - bedingt durch die Substituenteneinflüsse - mehr oder weniger stark von diesem Wert ab. Insbesondere bei Phenolen mit niedrigeren pK_S-Werten (z.B. Nitrophenole, mehrfach chlorierte Phenole) muß im pH-Bereich natürlicher Wässer mit partieller Dissoziation zu Phenolatanionen gerechnet werden.

Phenol ist über den Weg der Hydroxylierung und Ringspaltung (ortho- bzw. meta-Spaltung) biologisch abbaubar, wobei als primäres Zwischenprodukt das zweiwertige Phenol Brenzcatechin auftritt. Aufgrund der hohen Wasserlöslichkeit und der geringen Akkumulationstendenz ist Phenol in der Hydrosphäre sehr mobil. Phenol ist ein starkes Fischgift. Darüber hinaus ist es - wie andere Vertreter dieser Stoffgruppe auch - außerordentlich geruchs- und

geschmacksintensiv und kann sowohl Fische als auch Trinkwasser ungenieß-
bar machen. Für Phenole im Trinkwasser gilt ein summarischer Grenzwert
von 0,5 µg/L (berechnet als Phenol C_6H_5OH).

5.6.6   Halogenorganische Verbindungen

Halogenorganische Verbindungen (HOV) sind typische anthropogene Stoffe.
Sie werden in großer Vielfalt und Menge für unterschiedliche Anwendungs-
zwecke (Lösungsmittel, Treibgase, Kühlflüssigkeiten, Pestizide, Zwischenprodukte für chemische Synthesen) produziert. Wichtige Gruppen der halogenorganischen Verbindungen sind die halogenhaltigen Aliphaten und Aromaten, die polyhalogenierten Biphenyle, die halogenhaltigen Pestizide sowie
die polyhalogenierten Dibenzofurane und Dibenzo-p-dioxine. Letztere nehmen eine gewisse Sonderstellung ein, da sie zum einen nicht zielgerichtet
synthetisiert werden, sondern bei der Herstellung und Entsorgung (Abfallverbrennung) von Chemikalien als unerwünschte Nebenprodukte entstehen,
und zum anderen zu den toxischsten Verbindungen überhaupt gehören. Halogenorganische Verbindungen können darüber hinaus als Nebenprodukte
bei der zur Trinkwasserdesinfektion eingesetzten Chlorung entstehen.
Zur Charakterisierung der Belastung von Grund- und Oberflächenwässern
sowie Abwässern mit halogenorganischen Verbindungen werden neben Ein-
zelstoffanalysen häufig Gruppenparameter, wie AOX (adsorbierbare organische Halogenverbindungen), POX (ausblasbare organische Halogenverbindungen) oder EOX (extrahierbare organische Halogenverbindungen), verwendet, wobei die Gesamtkonzentration auf Chlor bezogen wird. Das Aus-
maß der AOX-Belastung von Oberflächengewässern ist zum Teil erheblich.
Die Konzentrationen in Flüssen liegen meist über 10 µg/L, mitunter sogar
über 100 µg/L.
Im folgenden sollen ausgewählte Gruppen halogenorganischer Verbindungen
näher charakterisiert werden. Die Ausführungen konzentrieren sich dabei im
wesentlichen auf die chlorierten Verbindungen, denen die größte Bedeutung
zukommt. Nicht berücksichtigt werden hier die Pestizide und die bei der
Trinkwasserchlorung entstehenden Desinfektionsnebenprodukte, die an anderer Stelle gesondert betrachtet werden (Abschn. 5.6.9 und 5.7).

5.6.6.1 Leichtflüchtige Halogenkohlenwasserstoffe

Aus der Gruppe der aliphatischen Halogenverbindungen verdienen insbesondere die höher chlorierten Derivate des Methans, des Ethans und des Ethens Beachtung (Tab. 5.9), die in großer Menge als Lösungsmittel (z.B. für die Metallentfettung, die Textilreinigung und für Reinigungsprozesse bei der Leiterplattenfertigung) zum Einsatz kommen. Auch das Vinylchlorid (VC) als Ausgangsstoff der PVC-Herstellung zählt zu den umweltrelevanten Vertretern dieser Gruppe. Vinylchlorid entsteht auch durch mikrobiellen Abbau anderer chlorierter C_2-Kohlenwasserstoffe. Insbesondere Grundwasserkontaminationen mit VC werden auf diese Abbauprozesse zurückgeführt. Halogenierte Kohlenwasserstoffe, vor allem Haloforme (Chloroform, Bromdichlormethan, Dibromchlormethan, Bromoform), entstehen auch bei der Trinkwasserchlorung (Abschn. 5.7).

Die aliphatischen Halogenverbindungen besitzen einen hohen Dampfdruck und werden daher auch als leichtflüchtige Halogenkohlenwasserstoffe (LHKW) oder - bei Beschränkung auf die dominierenden chlorierten Produkte - als leichtflüchtige Chlorkohlenwasserstoffe (LCKW) bezeichnet.

Tabelle 5.9: Leichtflüchtige Chlorkohlenwasserstoffe

LCKW	Formel	Wasserlöslichkeit in g/L (20 °C)	log P_{OW}
Dichlormethan (Methylenchlorid)	CH_2Cl_2	18,50	1,25
Trichlormethan (Chloroform)	$CHCl_3$	8,10	1,95
Tetrachlormethan (Tetra)	CCl_4	0,79	2,74
1,1,1-Trichlorethan	$C_2H_3Cl_3$	1,40	2,46
Trichlorethen (Trichlorethylen, Tri)	C_2HCl_3	1,10	2,30
Tetrachlorethen (Perchlorethylen, Per)	C_2Cl_4	0,16	2,60
Chlorethen (Vinylchlorid, VC)	C_2H_3Cl	1,10	2,20

Aufgrund der hohen Flüchtigkeit ist eine bevorzugte Emission in die Atmosphäre zu erwarten. Die LHKW weisen jedoch auch eine gewisse Wasserlöslichkeit auf, die im unteren g/L- bzw. oberen mg/L-Bereich liegt, so daß Grund- und Oberflächenwässer, z.B. durch Abwassereinleitung, nasse Deposition oder Havarien, mit Halogenkohlenwasserstoffen belastet sein können. Die Konzentrationen in Oberflächenwässern liegen meist unter oder bei 1 µg/L, mitunter werden aber auch höhere Werte gefunden. Die leichtflüchtigen Halogenkohlenwasserstoffe zeigen nur eine geringe Tendenz zur Bioakkumulation, wie aus den vergleichsweise niedrigen n-Octanol-Wasser-Verteilungskoeffizienten abgeleitet werden kann. Auch die Tendenz zur Geoakkumulation ist gering. Insgesamt zeigen die LHKW eine relativ hohe Mobilität. Da die LHKW zudem biologisch schwer abbaubar sind, ist bei Havarien oder unsachgemäßem Umgang mit diesen Lösungsmitteln eine Verfrachtung bis ins Grundwasser möglich. Bei Grundwasseruntersuchungen wurden zum Teil erhebliche Belastungen mit chlorierten Kohlenwasserstoffen festgestellt. Die Frage nach der toxischen und möglicherweise auch cancerogenen Wirkung gelöster LHKW kann gegenwärtig - insbesondere bei Berücksichtigung der geringen Konzentrationen im Wasser - nicht abschließend beantwortet werden. Aus Vorsorgegründen sollte Trinkwasser jedoch weitgehend frei von LHKW sein. In der Trinkwasserverordnung ist für die vier Verbindungen 1,1,1-Trichlorethan, Trichlorethen, Tetrachlorethen und Dichlormethan ein summarischer Grenzwert von 0,01 mg/L und für Tetrachlormethan ein Grenzwert von 0,003 mg/L festgelegt.

5.6.6.2 Chlorbenzole und Chlorphenole

Chlorbenzole sind wichtige Zwischenprodukte der chemischen Industrie, einige Vertreter dieser Stoffgruppe finden auch als Lösungsmittel und als Biozide Anwendung. Chlorphenole sind zum Teil ebenfalls chemische Zwischenprodukte, die höherchlorierten Vertreter, insbesondere das Pentachlorphenol, sind wirksame Bakterizide und Fungizide. Pentachlorphenol wird in vielen Ländern inzwischen aber nicht mehr hergestellt und eingesetzt. Chlorphenole können auch bei der Trinkwasserchlorung (Abschn. 5.7) entstehen.

Abb. 5.9: Chlorbenzole und Chlorphenole

Technisch hergestellte Chlorphenole enthalten häufig polychlorierte Dibenzo-p-dioxine und Dibenzofurane (Abschn. 5.6.6.4) als Verunreinigungen. Bei der thermischen Zersetzung von Chlorphenolen (z.B. bei der Abfallverbrennung) werden ebenfalls polychlorierte Dibenzo-p-dioxine und Dibenzofurane gebildet. Chlorphenole treten auch als Metabolite chlorhaltiger Pestizide (z.B. 2,4-Dichlorphenoxyessigsäure) auf.

Die umweltrelevanten Eigenschaften der chlorierten Benzole und Phenole werden durch den Grad der Chlorierung bestimmt. So nehmen Wasserlöslichkeit, Dampfdruck und Reaktivität mit steigender Zahl der Chloratome im Molekül ab, die Lipophilie nimmt dagegen zu (Tab. 5.10).

Chlorphenole sind BRÖNSTED-Säuren, ihre pK_S-Werte liegen niedriger als der pK_S-Wert des unsubstituierten Phenols ($pK_S = 10$) und nehmen mit steigendem Chlorierungsgrad ab (4-Chlorphenol: $pK_S = 9{,}18$; 2,3,4,6-Tetrachlorphenol: $pK_S = 6{,}62$). Zumindest die höherchlorierten Phenole treten daher im pH-Bereich natürlicher Wässer zum Teil als Phenolate auf.

Tabelle 5.10: Ausgewählte Eigenschaften von Chlorbenzolen und Chlorphenolen

Verbindung	Wasserlöslichkeit in mg/L (20 °C)	log P_{OW}
Chlorbenzol	488	2,80
1,4-Dichlorbenzol	40	3,37
1,2,4-Trichlorbenzol	30	3,90
1,2,3,4-Tetrachlorbenzol	0,2...0,4	4,50
Hexachlorbenzol	0,005	6,44
4-Chlorphenol	27000	2,43
2,4-Dichlorphenol	4500	3,00
2,4,5-Trichlorphenol	940	3,10...3,95
2,3,4,6-Tetrachlorphenol	100...180	4,42
Pentachlorphenol	14 [1]	5,00 [2]

[1] bei pH = 5   [2] bei pH = 2

Die Toxizität der Chlorbenzole und Chlorphenole gegenüber aquatischen Organismen erhöht sich mit steigendem Chlorierungsgrad. Die letalen Konzentrationen liegen im mg/L-Bereich. Die zum Teil hohen Werte des log P_{OW}

lassen eine starke Bioakkumulation erwarten. Beim Menschen können Chlorbenzole Leber- und Nierenschädigungen hervorrufen.

Die Konzentrationen von chlorierten Benzolen und Phenolen in Oberflächenwässern liegen im ng/L- bis µg/L-Bereich. Ein spezieller Trinkwassergrenzwert für chlorierte Benzole existiert nicht; für Phenole gilt allgemein ein summarischer Grenzwert von 0,5 µg/L, berechnet als Phenol (Abschn. 5.6.5). Sofern die chlorierten Benzole und Phenole als Pestizidwirkstoffe eingesetzt werden oder als toxische Hauptabbauprodukte von Pestiziden auftreten können, gilt der Pestizidgrenzwert (Abschn. 5.6.9).

5.6.6.3 Polychlorierte Biphenyle

Polychlorierte Biphenyle (PCB) leiten sich vom Biphenyl ab und besitzen die allgemeine Summenformel $C_{12}H_{10-n}Cl_n$ (Abb. 5.10). Theoretisch existieren 209 verschiedene Verbindungen (sogenannte Congenere). Diese Zahl ergibt sich zum einen aus den unterschiedlichen Chlorierungsgraden und zum anderen aus dem Auftreten von Stellungsisomeren (Tab. 5.11).

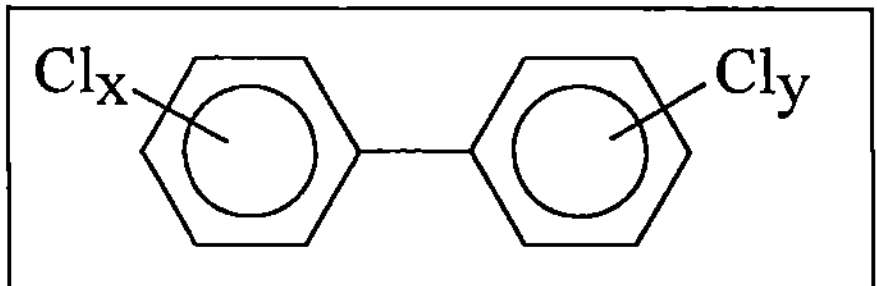

Abb. 5.10: Polychlorierte Biphenyle

Handelsübliche Produkte (z.B. Clophen, Arochlor) sind stets Gemische aus verschieden stark chlorierten PCB. Die polychlorierten Biphenyle zeichnen sich durch eine hohe thermische Stabilität, eine hohe chemische Beständigkeit sowie durch ausgezeichnete dielektrische Eigenschaften aus. Daraus resultiert ihre technische Bedeutung, die in der Vergangenheit zu einer breiten Anwendung in verschiedensten Bereichen geführt hat. Zu nennen ist hier insbesondere der Einsatz als Dielektrikum in Transformatoren und Kondensatoren sowie als Hydraulikflüssigkeit. Höherchlorierte Biphenyle fanden auch Anwendung als Imprägniermittel, Weichmacher und Schmiermittel (Getriebe- und Hochdruckpumpenöle).

Als umweltrelevante Eigenschaften sind die relativ geringe Wasserlöslichkeit und die hohe Tendenz zur Bio- und Geoakkumulation zu nennen. Die Ausprägung dieser Eigenschaften wird maßgeblich durch den Chlorierungsgrad bestimmt. Dabei sind folgende Trends erkennbar [KOC 1991]: Mit zunehmendem Grad der Chlorierung nehmen die Wasserlöslichkeit, die Flüchtigkeit und die Transformationstendenz (Reaktivität/Metabolismus) ab. Demgegenüber erhöhen sich die Lipidlöslichkeit, die Bio- und Geoakkumulationstendenz und die Persistenz (Stabilität). Die Spanne der Wasserlöslichkeit reicht von ca. 6...7 mg/L für die einfach chlorierten Verbindungen bis ca. 0,1 µg/L für das Decachlorbiphenyl. Für den log P_{OW} werden Werte zwischen ca. 4 und > 8 angegeben. Die Bioakkumulationsfaktoren für die höherchlorierten Verbindungen erreichen Werte von 10^5 und darüber. In der gleichen Größenordnung liegen die Sorptionskoeffizienten für Böden. Für Fließgewässer sind Konzentrationen im unteren bis mittleren ng/L-Bereich typisch.

Tabelle 5.11: Polychlorierte Biphenyle

Verbindung	Summenformel	molare Masse in g/mol	Anzahl der Isomeren
Chlorbiphenyl	$C_{12}H_9Cl$	188,7	3
Dichlorbiphenyl	$C_{12}H_8Cl_2$	223,1	12
Trichlorbiphenyl	$C_{12}H_7Cl_3$	257,6	24
Tetrachlorbiphenyl	$C_{12}H_6Cl_4$	292,0	42
Pentachlorbiphenyl	$C_{12}H_5Cl_5$	326,4	46
Hexachlorbiphenyl	$C_{12}H_4Cl_6$	360,9	42
Heptachlorbiphenyl	$C_{12}H_3Cl_7$	395,3	24
Octachlorbiphenyl	$C_{12}H_2Cl_8$	429,8	12
Nonachlorbiphenyl	$C_{12}HCl_9$	464,2	3
Decachlorbiphenyl	$C_{12}Cl_{10}$	498,7	1

Polychlorierte Biphenyle sind in allen Umweltkompartimenten zu finden. Aufgrund der hohen Stabilität und der Tendenz zur Bio- und Geoakkumulation erfolgt eine bevorzugte Anreicherung in Organismen und Sedimenten. Die Exposition des Menschen erfolgt vor allem über tierische Nahrungsmittel - eine Folge der Akkumulation in Nahrungsketten. Die akute Toxizität der PCB wird zwar als gering eingeschätzt, jedoch sind bei langfristiger Aufnahme Gesundheitsbeeinträchtigungen wahrscheinlich. Die polychlorierten Biphenyle reichern sich in Fettgeweben an und können zu Leber-, Milz- und Nierenschäden führen. In Tierversuchen zeigten handelsübliche PCB-Produkte cancerogene Wirkung.

Aufgrund der Umweltgefährdung ist die Herstellung und Verwendung von polychlorierten Biphenylen in vielen Ländern Beschränkungen unterworfen. In Deutschland wurde die PCB-Produktion bereits in den 80er Jahren eingestellt. PCB dürfen nur noch in geschlossenen Systemen eingesetzt werden und sind schrittweise zu substituieren. Dennoch bleibt die PCB-Problematik aktuell, da einerseits Einträge in die Umwelt infolge unsachgemäßer Entsorgung nicht auszuschließen sind und andererseits mit einer ständigen Freisetzung polychlorierter Biphenyle aus den vorhandenen Depots in Böden, Sedimenten und Biosystemen zu rechnen ist. Aufgrund der hohen Stabilität erfolgt ein Abbau in der Umwelt nur sehr langsam.

Ein ähnliches Umweltverhalten wie die PCB zeigen die polybromierten Biphenyle, von denen insbesondere die höherbromierten Verbindungen als Flammschutzmittel technische Bedeutung haben, und die polyhalogenierten Terphenyle, deren Grundkörper aus drei verknüpften Benzolringen besteht.

Die Trinkwassergrenzwerte für die polychlorierten und polybromierten Biphenyle und Terphenyle betragen 0,1 µg/L (Einzelsubstanz) und 0,5 µg/L (Summe).

5.6.6.4 Polychlorierte Dibenzo-p-dioxine und Dibenzofurane

Polychlorierte Dibenzo-p-dioxine (PCDD) und polychlorierte Dibenzofurane (PCDF) sind tricyclische Verbindungen, die sich vom Dibenzodioxin bzw. Dibenzofuran ableiten und unterschiedliche Chlorgehalte aufweisen können. Theoretisch sind 75 PCDD- und 135 PCDF-Congenere möglich. Ihre Umweltrelevanz ergibt sich aus der extremen Toxizität („Supergifte"), wobei sich die Congenere allerdings hinsichtlich der Toxizität unterscheiden. Als toxischste Vertreter gelten die 2,3,7,8-Tetrachlorderivate (Abb. 5.11). Für 2,3,7,8-TCDD wurde in Versuchen an Meerschweinchen eine letale Dosis von 0,6...2,2 µg pro kg Körpergewicht ermittelt [KOC 1991].

PCDD und PCDF werden nicht zielgerichtet synthetisiert. Sie treten als Verunreinigungen in technisch hergestellten Organochlorverbindungen (z.B. Chlorphenole, polychlorierte Biphenyle) auf und können bei deren Herstellung, Anwendung oder Entsorgung freigesetzt werden. Insbesondere entstehen diese Verbindungen bei Temperaturen bis 900 °C aus chlorhaltigen Vorstufen (z.B. Chlorphenole, Chlorbenzole, Chlorphenoxycarbonsäuren, polychlorierte Biphenyle). Es wurde nachgewiesen, daß bei thermischen Prozessen auch anorganische Chlorverbindungen durch Reaktion mit organischen Substanzen PCDD/F bilden können. Verbrennungsprozesse (Hausmüll, Sondermüll, Kohle, Holz) gelten als wesentliche Emissionsquellen. Traurige Berühmtheit erlangte die Seveso-Katastrophe von 1976, wo bei einer Havarie in einem Chemiewerk 2,3,7,8-TCDD („Seveso-Dioxin") in die Umwelt freigesetzt wurde. Als mögliche natürliche Bildungsprozesse kommen Waldbrände und Vulkaneruptionen in Betracht.

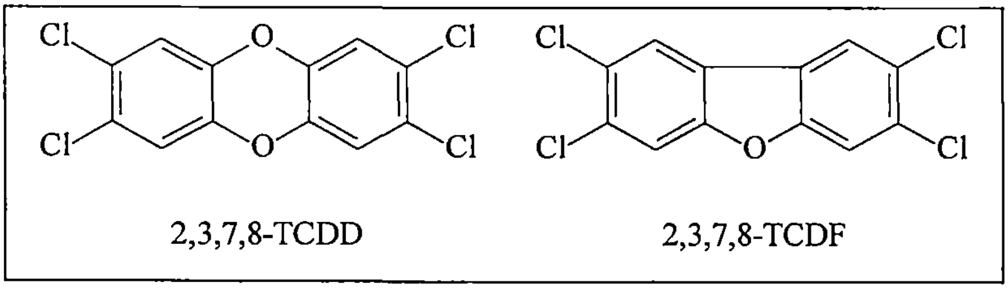

2,3,7,8-TCDD   2,3,7,8-TCDF

Abb. 5.11: 2,3,7,8-Tetrachlordibenzo-p-dioxin und 2,3,7,8-Tetrachlordibenzofuran

PCDD und PCDF weisen nur eine geringe Wasserlöslichkeit auf (2,3,7,8-TCDD: ca. 2 μg/L). Ihre starke Lipophilie (2,3,7,8-TCDD: log P_{OW} = 6,2...7,7) und gute Adsorbierbarkeit führen zur Akkumulation in Organismen, Böden, Gewässersedimenten und Klärschlämmen. Die Verbindungen sind chemisch und biologisch stabil, die Halbwertszeiten von TCDD in Böden und Sedimenten betragen mehrere Jahre. Aufgrund der hohen Sorptionstendenz sind Trinkwasserkontaminationen unwahrscheinlich. Ein Trinkwassergrenzwert existiert nicht.

5.6.7 Stickstofforganische Verbindungen

Organische Stickstoffverbindungen gelangen in großer Anzahl und Vielfalt in die Gewässer. Zu den stickstofforganischen Verbindungen gehören sowohl natürliche Stoffe (z.B. Aminosäuren, Proteine, Harnstoff) als auch anthropogene Verbindungen mit unterschiedlichsten Strukturen und Anwendungsmustern. Beispiele für anthropogene Quellen sind die Herstellung und Anwendung von Pestiziden, Farben und Lacken, Pharmaka, Sprengstoffen, Kosmetika und Waschmitteln.

Tabelle 5.12: Stickstofforganische Verbindungen [PIE 1997]

Substanzklasse	Anthropogene Quellen	Toxikologische Relevanz
aromatische Amine und Diamine	Lacke, Farbstoffe, Pharmaka, PBSM, photographische Entwickler, Textilindustrie	augen-, haut- und schleimhautreizend
Aminophenole	Farb- und Sprengstoffe, Pharmaka, photographische Entwickler, Antioxidantien	Auslösung der Paragruppenallergie
aromatische Nitroverbindungen und Nitrophenole	Farbstoffe, Sprengstoffe, PBSM, Pharmaka, Lösungsmittel	cancerogen, Schädigung roter Blutkörperchen
Aminoessigsäuren	synthetische Komplexbildner	gering fischtoxisch
aliphatische Amine und Diamine	Farb- und Klebstoffe, PBSM, Pharmaka, Kautschuk, Textil- und Mineralölindustrie	haut- und schleimhautreizend, allergene Wirkung, Nitrosaminbildung
Nitrosamine	Tabakrauch, Lebensmittel	allgemein toxisch, cancerogen, mutagen
alicyclische Amine	Pharmaka, PBSM, Farb- und Klebstoffe, Lacke, Textilindustrie, Korrosionsschutz	augen-, haut- und schleimhautreizend, Nitrosaminbildung
cyclische Polyamine	Farb- und Sprengstoffe, Bleich-, Konservierungs- und Härtungsmittel	hautreizend
Ethanolamine	Waschmittel, Druckpasten, photographische Entwickler, Netz- und Emulgiermittel	haut- und schleimhautreizend, Nitrosaminbildung
quarternäre Ammoniumverbindungen	PBSM, Waschmittel, Textil- und Mineralölindustrie	lungen- und leberschädigend

PBSM = Pflanzenbehandlungs- und Schädlingsbekämpfungsmittel (Pestizide)

Tabelle 5.12 gibt einen Überblick über die wichtigsten Gruppen stickstofforganischer Verbindungen, die als anthropogene Wasserinhaltsstoffe Bedeutung haben. Stellvertretend sollen im folgenden nur die aliphatischen und aromatischen Amine etwas genauer betrachtet werden. Weitere stickstofforganische Verbindungen finden in den Abschnitten über Komplexbildner, Tenside, Pestizide und Phenole Erwähnung.

Amine leiten sich formal vom Ammoniak ab. Die Substitution eines Wasserstoffatoms des Ammoniaks durch einen organischen Rest führt zu den primären Aminen, weitere Substitution entsprechend zu den sekundären und tertiären Aminen. Nach der Art des organischen Rests unterscheidet man aliphatische und aromatische Amine.

Aliphatische und aromatische Amine sind technisch wichtige Ausgangsverbindungen für die Arzneimittel-, Farbstoff- und Pflanzenschutzmittelherstellung. Aromatische Amine haben auch Bedeutung als Abbauprodukte von Pestiziden, insbesondere von Phenylharnstoffpestiziden.

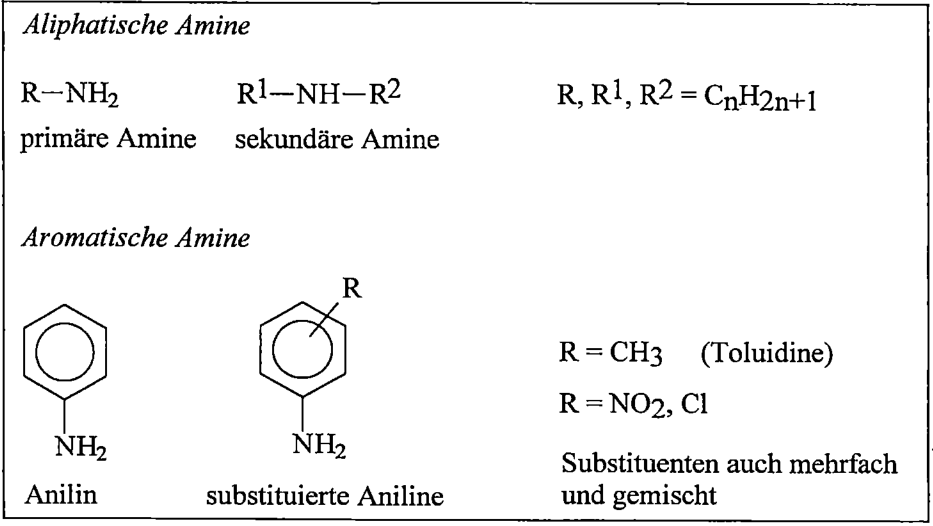

Abb. 5.12: Aliphatische und aromatische Amine

Die einfachsten Vertreter der aliphatischen Amine sind Methylamin (primäres Amin) und Dimethylamin (sekundäres Amin), von denen sich entsprechende homologe Reihen ableiten (Abb. 5.12). Die aliphatischen Amine, insbesondere die kürzerkettigen, weisen eine relativ hohe Flüchtigkeit auf.

Weitere charakteristische Eigenschaften sind die ausgeprägte Hydrophilie (z.T. unbegrenzte Mischbarkeit mit Wasser) und die relativ starke Basizität (pK_S-Werte der protonierten Verbindungen um 10...11, pK_B-Werte dementsprechend 3...4). Die kürzerkettigen aliphatischen Amine sind biologisch gut abbaubar. Aus toxikologischer Sicht bedeutsam ist die bereits im Spurenbereich ablaufende Reaktion von sekundären Aminen mit Nitrit unter Bildung krebserregender Nitrosamine. In Oberflächenwässern treten einige aliphatische Amine im unteren µg/L-Bereich auf.

Einfachster Vertreter der aromatischen Amine ist das Anilin, von dem sich verschiedene substituierte Aniline ableiten (Abb. 5.12). Aromatische Amine sind ebenfalls polar und im allgemeinen gut wasserlöslich. Die Löslichkeit des Anilins beträgt bei 25 °C 35 g/L, sie kann sich durch Substituenten am aromatischen Ring allerdings deutlich ändern. So beträgt die Löslichkeit des 2,4,6-Trichloranilins nur noch 0,04 g/L. Dementsprechend verändert sich auch der n-Octanol-Wasser-Verteilungskoeffizient (Anilin: $\log P_{OW} = 0{,}95$; 2,4,6-Trichloranilin: $\log P_{OW} = 3{,}4$). Die Basizität der aromatischen Amine ist geringer als die der aliphatischen Amine. Der pK_S-Wert des protonierten Anilins beträgt 4,9, die entsprechenden pK_S-Werte der substituierten Aniline liegen noch darunter. Neben der allgemein toxischen Wirkung von aromatischen Aminen ist insbesondere die vermutete bzw. nachgewiesene Cancerogenität der methylierten und mehrkernigen Verbindungen (Toluidine, Benzidine) zu erwähnen. In stark belasteten Flüssen können aromatische Amine in Konzentrationen >1 µg/L auftreten. Die biologische Abbaubarkeit der aromatischen Amine wird stark durch die Substituenten am aromatischen Ring beeinflußt. Das Anilin ist relativ gut abbaubar, hohe Persistenz zeigen dagegen Nitroanilin und die mehrfach chlorierten Aniline.

5.6.8 Schwefelorganische Verbindungen

Organisch gebundener Schwefel tritt zwar in einigen natürlichen Stoffen auf, so zum Beispiel in schwefelhaltigen Proteinen, im biogenen Dimethylsulfid und in geringem Anteil auch in Huminstoffen, eine wesentlich größere Bedeutung kommt jedoch den anthropogenen schwefelorganischen Verbindungen und hierbei vor allem den Sulfonaten zu. In der Vergangenheit trugen insbesondere die Ligninsulfonate und Chlorligninsulfonate, die bei der Zellstoffherstellung durch Sulfitaufschluß bzw. bei der Bleiche von Zellstoff anfallen, in erheblichem Maße zur Gewässerbelastung bei. Durch technische Maßnahmen, wie zum Beispiel Verbrennung von Sulfitablaugen, konnte in den letzten Jahren jedoch eine spürbare Gewässerentlastung erreicht werden. Als weitere wichtige Vertreter der Stoffgruppe der Sulfonate sind die in großen Mengen produzierten und durch den bestimmungsgemäßen Gebrauch ins Abwasser gelangenden Waschmittelsulfonate zu nennen (Abschn. 5.6.10).

Als gewässerrelevante Verbindungen haben darüber hinaus die aromatischen Sulfonate, die sich vom Benzol, Naphthalin, Anthrachinon oder Stilben ableiten, Bedeutung (Abb. 5.13). Sie sind wichtige Zwischen- und Endprodukte der chemischen Industrie, insbesondere bei der Herstellung von Azo- und Anthrachinonfarbstoffen, optischen Aufhellern, Pharmazeutika, Pestiziden, Ionenaustauschern, Weichmachern usw., und können über industrielle Abwassereinleitungen in die Gewässer gelangen.

Die Vielfalt der aromatischen Sulfonate resultiert daraus, daß die in der Abbildung 5.13 gezeigten Grundstrukturen in technischen Produkten durch weitere Sulfonsäuregruppen oder andere Substituenten modifiziert sind.

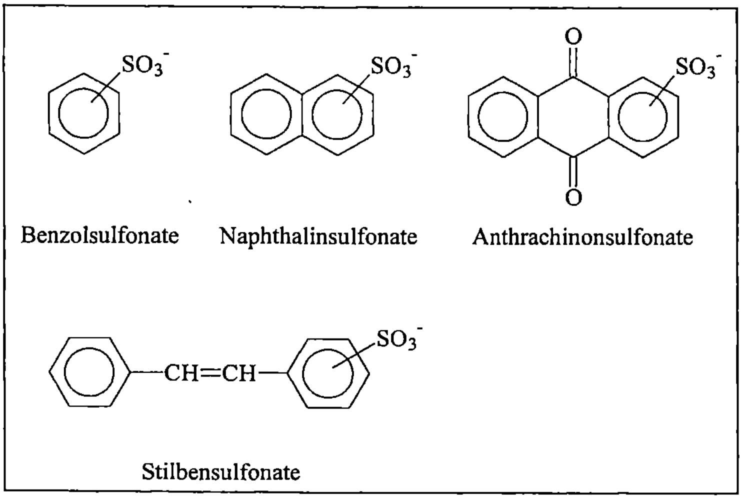

Benzolsulfonate   Naphthalinsulfonate   Anthrachinonsulfonate

Stilbensulfonate

Abb. 5.13: Grundstrukturen aromatischer Sulfonate

Sulfonsäuren, $R\text{-}SO_3H$, sind starke Säuren, die vollständig dissoziieren, so daß im Wasser immer die entsprechenden Anionen $R\text{-}SO_3^-$ vorliegen. Als polare und hydrophile Verbindungen sind die Sulfonate gut wasserlöslich und zeigen eine hohe Mobilität sowohl im Gewässer als auch im Boden. In den großen deutschen Flüssen sind regelmäßig Konzentrationen an aromatischen Sulfonaten bis zu einigen µg/L zu finden. Darüber hinaus ist bekannt, daß einige Naphthalin- und Stilbensulfonate biologisch schwer abbaubar sind. Aus diesen Eigenschaften ergibt sich, daß die Sulfonate als Problemstoffe für die Trinkwassergewinnung aus Uferfiltraten betrachtet werden müssen.

Die bereits erwähnte Vielfalt schwefelorganischer Wasserinhaltsstoffe ist der Grund dafür, daß neben analytischen Methoden zur Einzelstoffbestimmung auch Gruppenparameter zur summarischen Erfassung dieser Stoffgruppe entwickelt wurden. Analog zum Parameter AOX für halogenorganische Verbindungen wurde der Parameter AOS (adsorbierbare organische Schwefelverbindungen) vorgeschlagen. Praktische Probleme bei der Bestimmung dieses Parameters (z.B. Störungen durch den Schwefelgehalt der kommerziell verfügbaren Aktivkohlen) führten zur Entwicklung des Parameters IOS (ionenpaarextrahierbare organische Schwefelverbindungen)[SCH 1992].

5.6.9 Pestizide

Pestizide sind Substanzen, die zur Bekämpfung von Schädlingen und Unkräutern eingesetzt werden. Sie werden häufig auch unter dem allgemeinen Begriff Pflanzenbehandlungs- und Schädlingsbekämpfungsmittel (PBSM) zusammengefaßt. Die PBSM lassen sich nach ihrer Wirkung in verschiedene Gruppen einteilen (Tab. 5.13). Hinsichtlich der Einsatzmenge und der Anzahl der Wirkstoffe dominiert in Deutschland die Gruppe der Herbizide. Diese läßt sich nach dem Wirkungsspektrum noch einmal unterteilen in selektiv wirkende Herbizide, die in Kulturpflanzenbeständen eingesetzt werden, und unselektiv wirkende Totalherbizide, die jegliches Pflanzenwachstum (z.B. auf Gleisanlagen, Straßen usw.) unterbinden sollen.

Die in Deutschland eingesetzte Menge an PBSM liegt bei ca. 25.000 t/a. Die synthetisch hergestellten Wirkstoffe (>200) sind fast ausschließlich organische Verbindungen mit Heteroatomen (N, P, Cl, S). Typische Stoffklassen sind Chlorkohlenwasserstoffe, Chlorphenoxyalkansäuren, Triazine, Harnstoffderivate, Carbamate, Triazolderivate und Ester der Phosphor-, Thiophosphor- und Dithiophosphorsäure. Die Abbildungen 5.14 bis 5.18 zeigen die Strukturformeln einiger ausgewählter Wirkstoffe bzw. Wirkstoffgruppen.

Tabelle 5.13: Einteilung der Pestizide nach der Wirkung

Bezeichnung	Bekämpfte Organismen
Akarizide	Milben
Algizide	Algen
Bakterizide	Bakterien
Fungizide	Pilze
Herbizide	Unkräuter
Insektizide	Insekten
Molluskizide	Schnecken
Nematizide	Nematoden (Fadenwürmer)
Rodentizide	Nagetiere
Virizide	Viren

Triazine

Atrazin (Herbizid): $R^1 = CH_2CH_3$ $R^2 = CH(CH_3)_2$ $R^3 = Cl$

Simazin (Herbizid): $R^1 = R^2 = CH_2CH_3$ $R^3 = Cl$

Terbutylazin (Herbizid): $R^1 = C(CH_3)_3$ $R^2 = CH_2CH_3$ $R^3 = Cl$

Harnstoffderivate

Methabenzthiazuron (Herbizid):

$R^1 = R^3 = CH_3$ $R^4 = H$ $R^2 =$

Diuron (Herbizid):

$R^1 = H$ $R^3 = R^4 = CH_3$ $R^2 =$

Isoproturon (Herbizid):

$R^1 = H$ $R^3 = R^4 = CH_3$ $R^2 =$

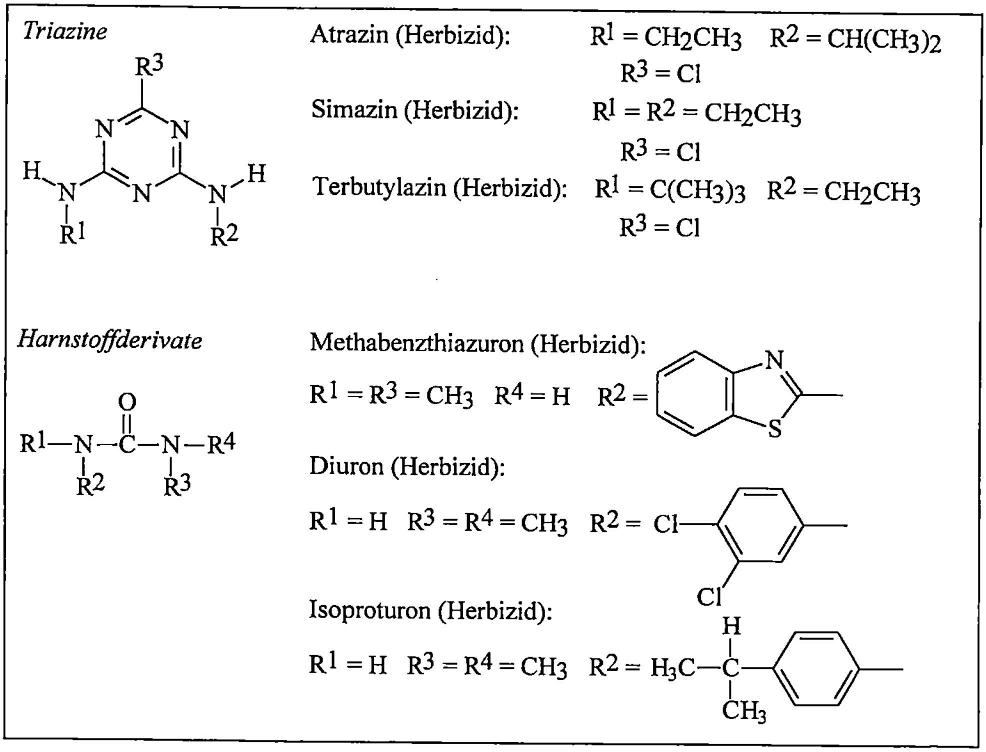

Abb. 5.14: Triazine und Harnstoffderivate

Der Eintrag von Pestiziden in Grund- und Oberflächenwässer erfolgt zum einen beim bestimmungsgemäßen Gebrauch durch Auswaschung (Transport ins Grundwasser) oder Abschwemmung (Transport in Oberflächenwässer) und zum anderen als Folge von unsachgemäßem Umgang oder Havarien bei der Herstellung, Lagerung, Abfüllung oder Rückstandsbeseitigung.

Chlorphenoxyessigsäuren

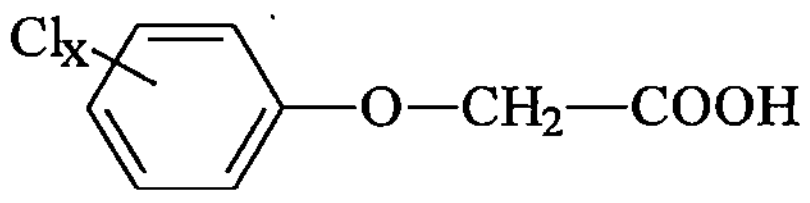

x = 2:

2,4-Dichlorphenoxyessigsäure (2,4-D) (Herbizid)

Cl_x —O—CH_2—COOH

x = 3:

2,4,5-Trichlorphenoxyessigsäure (2,4,5-T) (Herbizid)

Chlorierte Kohlenwasserstoffe

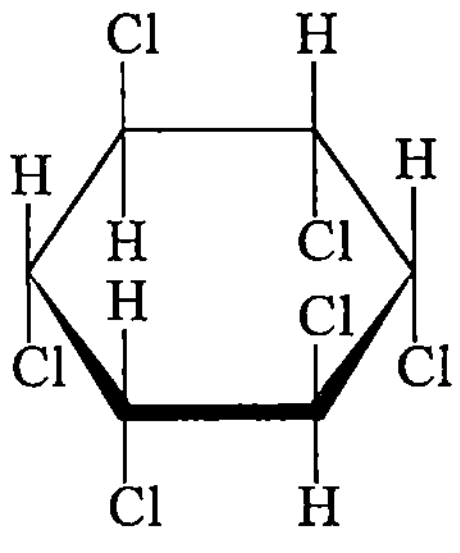

γ – Hexachlorcyclohexan / Lindan (Insektizid)

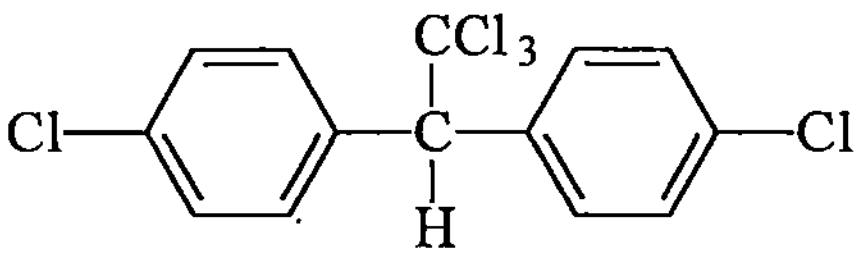

Dichlordiphenyltrichlorethan / DDT (Insektizid)

Abb. 5.15: Chlorphenoxyessigsäuren und chlorierte Kohlenwasserstoffe

Obwohl die Pestizide ihre toxische Wirkung nur gegenüber bestimmten Organismengruppen entfalten sollen, kann oftmals eine schädigende Wirkung auf andere Organismen nicht ausgeschlossen werden. Insofern sind die Pestizide als Wasserschadstoffe einzustufen. Die Vielzahl der Wirkstoffe und die große Bandbreite der Eigenschaften lassen allerdings eine pauschale Bewertung der Pestizide nicht zu. Schadwirkungen und Umweltverhalten sind daher in jedem Einzelfall zu prüfen.

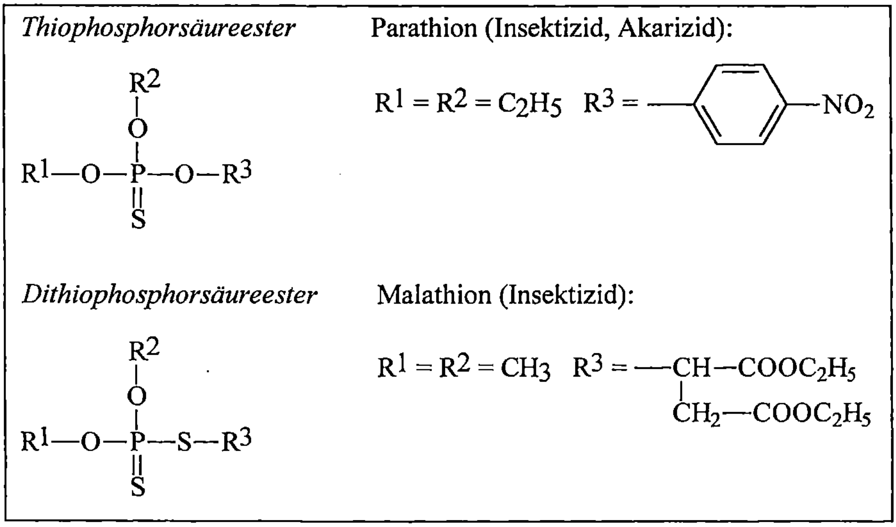

Thiophosphorsäureester	Parathion (Insektizid, Akarizid):
R^1—O—P—O—R^3 mit R^2—O oben, S unten (Doppelbindung)	$R^1 = R^2 = C_2H_5$ $R^3 = $ —⟨Phenyl⟩—NO_2
Dithiophosphorsäureester	Malathion (Insektizid):
R^1—O—P—S—R^3 mit R^2—O oben, S unten (Doppelbindung)	$R^1 = R^2 = CH_3$ $R^3 = $ —CH—$COOC_2H_5$ mit CH_2—$COOC_2H_5$

Abb. 5.16: Thio- und Dithiophosphorsäureester

Die Umweltrelevanz der einzelnen Wirkstoffe und Wirkstoffgruppen hängt von verschiedenen Faktoren ab, z.B. Wasserlöslichkeit, biologische Abbaubarkeit, Tendenz zur Bioakkumulation und Aufwandmenge. Die Wasserlöslichkeit von Pestizidwirkstoffen ist sehr unterschiedlich und reicht von wenigen Milligramm pro Liter (in Ausnahmefällen auch darunter) bis zu einigen Gramm pro Liter. Dementsprechend variiert auch der n-Octanol-Wasser-Verteilungskoeffizient (Tab. 5.14). Auch hinsichtlich des Abbauverhaltens unterscheiden sich die Wirkstoffe sehr stark. Die Abbauzeiten liegen zwischen einem Monat und mehreren Jahren. Bezüglich der Persistenz gilt annähernd folgende Sequenz: Chlorkohlenwasserstoffe > Harnstoffderivate ≈ Triazine > Phenoxyalkansäuren ≈ Carbamate > Phosphorsäureester. Dabei ist allerdings zu berücksichtigen, daß innerhalb der Wirkstoffgruppen zum Teil recht große Unterschiede auftreten können. Darüber hinaus ist zu beachten, daß der Abbau häufig nicht vollständig erfolgt, so daß mit dem Auftreten von relativ stabilen, zum Teil auch toxischen Metaboliten gerechnet werden muß.

Tabelle 5.14: Ausgewählte Eigenschaften einiger Pestizide

Substanz	Substanzklasse	Wasserlöslichkeit in mg/L (20 °C)	log P_{OW}
2,4-D	Chlorphenoxycarbonsäuren	620,0	2,64
2,4,5-T	Chlorphenoxycarbonsäuren	278,0	2,79
Atrazin	Triazine	33,0	2,64
Simazin	Triazine	5,0	3,00
Terbutylazin	Triazine	8,5	3,04
Lindan	Chlorkohlenwasserstoffe	6,0	3,43
DDT	Chlorkohlenwasserstoffe	0,0055	6,10
Metolachlor	Carbonsäureamide	530,0	3,45
Diuron	Harnstoffderivate	42,0	2,68
Methabenzthiazuron	Harnstoffderivate	59,0	2,69
Isoproturon	Harnstoffderivate	70,0	2,25
Parathion	Thiophosphorsäureester	24,0	3,80
Malathion	Dithiophosphorsäureester	145,0	2,90
Chlorpropham	Carbamate	89,0	3,06

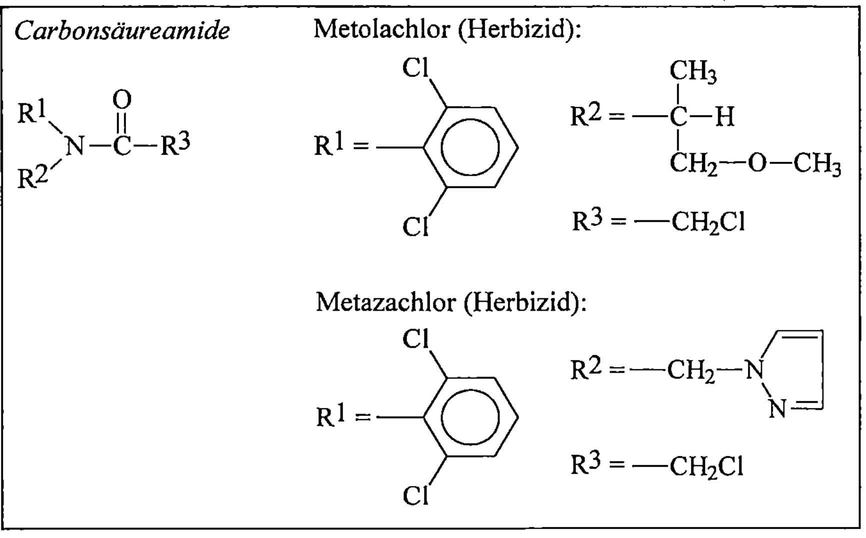

Abb. 5.17: Carbonsäureamide

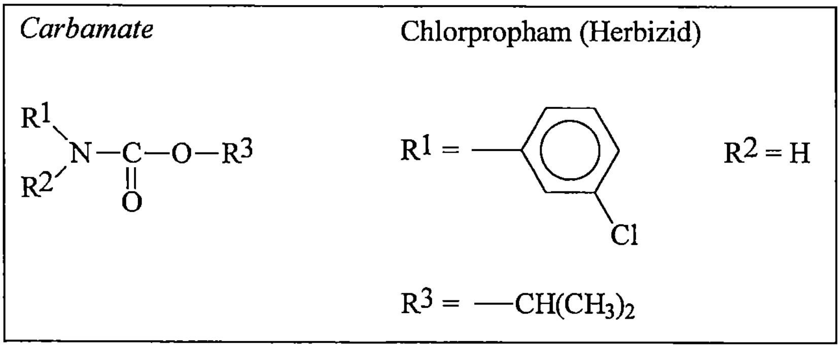

Abb. 5.18: Carbamate

Für einige besonders umweltgefährdende Wirkstoffe (z.B. DDT, 2,4,5-T, Atrazin) besteht in Deutschland ein Anwendungsverbot. Das Beispiel Atrazin (Anwendungsverbot seit 1991) zeigt allerdings, daß derartige Wirkstoffe und ihre Abbauprodukte auch noch nach Jahren in den Gewässern auftreten können.

Die in Gewässern zu findenden Konzentrationen variieren naturgemäß sehr stark. Im allgemeinen liegen die Konzentrationen im ng/L-Bereich, für einzelne Wirkstoffe werden jedoch auch Spitzenwerte über 1 µg/L gefunden. Häufig sind kleinere Fließgewässer besonders stark belastet.

Für alle Pflanzenbehandlungs- und Schädlingsbekämpfungsmittel und ihre toxischen Hauptabbauprodukte gilt - unabhängig von der toxikologischen Einzelbewertung - ein gleicher Trinkwassergrenzwert, der als Vorsorgewert aufzufassen ist. Er beträgt 0,1 µg/L (Einzelsubstanz) bzw. 0,5 µg/L (Summe).

5.6.10 Tenside

Tenside sind wasserlösliche, oberflächenaktive Substanzen. Ihre Fähigkeit zur Herabsetzung der Oberflächenspannung beruht auf ihrer charakteristischen asymmetrischen Struktur. Tenside bestehen aus einer polaren Kopfgruppe und einem unpolaren, langkettigen Rest. Die Kopfgruppe ist hydrophil, das heißt, sie besitzt eine hohe Affinität zum Wasser und ist zugleich fettabweisend. Die unpolare Kette ist dagegen hydrophob (wasserabweisend) und ist damit zugleich fett- bzw. schmutzbindend. Nach der Art der Kopfgruppe wird zwischen kationischen, anionischen, nichtionischen und amphoteren Tensiden unterschieden (Abb. 5.19).

Anionische Tenside

H_3C—$(CH_2)_n$—CH—$(CH_2)_m$—CH_3 Lineare Alkylbenzolsulfonate (LAS)

(Benzolring mit SO_3^-)

H_3C—$(CH_2)_n$—CH_2—O—SO_3^- Fettalkoholsulfate

Nichtionische Tenside

H_3C—$(CH_2)_n$—CH_2—O—$(CH_2CH_2O)_m H$ Lineare Alkoholethoxylate

Kationische Tenside

HO—$(CH_2)_2$—$\overset{CH_3}{\underset{\oplus \, |}{N}}$—$(CH_2)_2$—$O$—$CO$—$(CH_2)_n H$

$(CH_2)_2$—O—CO—$(CH_2)_n H$

Triethanolammoniumderivate (Esterquats)

Abb. 5.19: Beispiele für anionische, nichtionische und kationische Tenside

Die breite häusliche und industrielle Nutzung der Tenside resultiert aus der Eigenschaft, die Prozesse Waschen, Emulgieren, Dispergieren, Flotieren, Benetzen u.ä. zu ermöglichen bzw. zu unterstützen. Waschaktiv sind vor allem die anionischen und nichtionischen Tenside, die hinsichtlich der Einsatzmengen dominieren. Ein Hauptanwendungsgebiet der synthetischen Tenside ist die Herstellung von Wasch- und Spülmitteln. Universalwaschmittel enthalten durchschnittlich zwischen 10 und 15 % anionische und nichtionische

Tenside, davon ca. 1/3 nichtionische. Kationische Tenside werden unter anderem in Weichspülmitteln eingesetzt. Amphotere Tenside (Betaine, Sulfobetaine) besitzen positive und negative Gruppen im Molekül (z.B. quartäre Ammoniumgruppe und Carboxyl- bzw. Sulfongruppe). Sie haben mit einem Anteil von ca. 2 % an der gesamten Tensidproduktion nur eine untergeordnete Bedeutung und finden zum Beispiel Anwendung in kosmetischen Präparaten.

Bedeutung als Wasserinhaltsstoffe haben vor allem die anionischen und nichtionischen Tenside. Die in Weichspülern eingesetzten kationischen Tenside, die auf die Fasern aufziehen und erst bei der nächsten Wäsche freigesetzt werden, bilden mit den in der Waschlauge enthaltenen anionischen Tensiden Neutralsalze bzw. -komplexe, die in der Regel ausfallen. Wegen des Überschusses an anionischen Tensiden treten in Waschabwässern praktisch keine freien kationischen Tenside auf.

Tenside gelangen durch ihren bestimmungsgemäßen Gebrauch ins Abwasser und bei ungenügender Elimination in der Kläranlage auch in Oberflächengewässer. Anionische und nichtionische Tenside sind fischtoxisch. Die Fischtoxizität anionischer Tenside nimmt mit steigender Kettenlänge zu. Als Optimum hinsichtlich der Kriterien Waschwirkung, Fischtoxizität und biologische Abbaubarkeit gelten Kettenlängen von 10...14 C-Atomen. Tenside können aufgrund ihrer lösungsvermittelnden Eigenschaften die Mobilität und Bioverfügbarkeit anderer Schadstoffe erhöhen. Durch Tenside hervorgerufene Schaumbildung auf Gewässeroberflächen behindert den Gasaustausch mit der Atmosphäre. Außerdem geht mit der Veränderung der Oberflächenspannung des Wassers meist eine negative Beeinflussung der Lebensbedingungen für Wasserorganismen einher. Unabhängig von diesen spezifischen Wirkungen tragen Tenside - wie andere organische Stoffe auch - zur Sauerstoffzehrung infolge oxidativer Abbauprozesse bei.

In den letzten Jahren hat sich - nicht zuletzt durch entsprechende gesetzliche Regelungen - ein Übergang von harten (biologisch schlecht abbaubaren) Tensiden zu besser abbaubaren Wirkstoffen vollzogen. Diese werden bereits in der Kläranlage weitgehend zu nicht mehr oberflächenaktiven Substanzen abgebaut (Primärabbau) bzw. mineralisiert (vollständiger Abbau zu anorganischen Verbindungen). So wurden bei den häufig eingesetzten anionischen und nichtionischen Tensiden die früher üblichen Verbindungen mit verzweigten Ketten durch solche mit linearen, unverzweigten Alkylresten ersetzt, die deutlich besser abbaubar sind.

Tensidkonzentrationen in Gewässern werden wegen der Vielfalt der möglichen Verbindungen üblicherweise summarisch bestimmt, wobei die analytische Erfassung auf der Umsetzung mit speziellen Reagenzien basiert. Anionische Tenside werden als „Methylenblauaktive Substanzen (MBAS)", kationische Tenside als „Disulfinblauaktive Substanzen (DSBAS)" und nichtionische Tenside als „Bismutaktive Substanzen (BiAS)" erfaßt. Die MBAS- bzw. BiAS-Konzentrationen in Oberflächengewässern liegen meist unter 0,1 mg/L. Für die dominierenden anionischen und nichtionischen Tenside gilt ein gemeinsamer Trinkwassergrenzwert von 0,2 mg/L, bestimmt als MBAS bzw. BiAS.

5.6.11 Synthetische organische Komplexbildner

Viele im Wasser gelöste anorganische und organische Ionen und Moleküle sind in der Lage, mit Metallionen Komplexverbindungen zu bilden (Abschn. 4.6.1). Die Komplexe unterscheiden sich in den Eigenschaften und Reaktionen meist deutlich von den freien (genauer hydratisierten) Metallionen. Durch die Komplexbildung werden zum Beispiel das Redoxverhalten und die Löslichkeit beeinflußt, was wiederum Auswirkungen auf die Mobilität der Metallionen in Gewässern hat.

Die wichtigsten natürlichen Komplexbildner sind anorganische Anionen, Huminstoffe und niedermolekulare organische Säuren. Daneben haben in den letzten Jahrzehnten vor allem synthetisch hergestellte Komplexbildner, die mit dem Abwasser in die Gewässer eingetragen werden, Bedeutung erlangt.

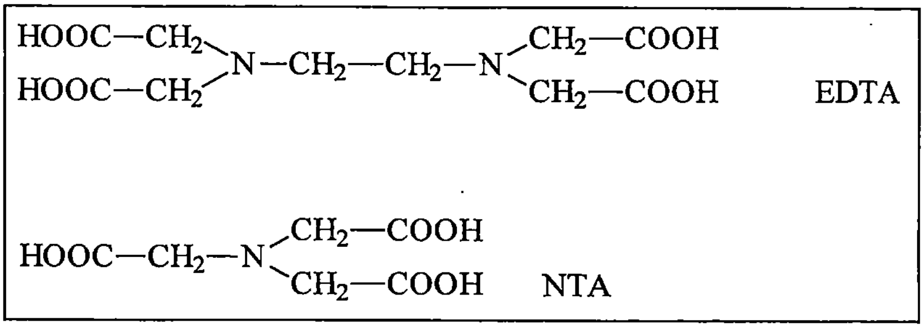

$$HOOC-CH_2\diagdown\atop{HOOC-CH_2\diagup}N-CH_2-CH_2-N\diagup{^{CH_2-COOH}}\diagdown{_{CH_2-COOH}} \qquad EDTA$$

$$HOOC-CH_2-N\diagup{^{CH_2-COOH}}\diagdown{_{CH_2-COOH}} \qquad NTA$$

Abb. 5.20: Ethylendiamintetraessigsäure (EDTA) und Nitrilotriessigsäure (NTA)

Die bekanntesten synthetischen Komplexbildner sind die Ethylendiamin-tetraessigsäure (EDTA) und die Nitrilotriessigsäure (NTA), die meist in Form ihrer Salze zum Einsatz kommen (Abb. 5.20). Anwendung finden diese Verbindungen zum Beispiel in Prozeßbädern der Galvanikindustrie und zur Maskierung von Metallionen in der Foto-, Textil- und Papierindustrie sowie in der chemischen Industrie. Große Mengen werden in Wasch- und Reinigungsmitteln für Haushalt und Gewerbe eingesetzt. Hier dienen die Komplexbildner der Härtestabilisierung (Verhinderung der Ausfällung von Calcium- und Magnesiumverbindungen). 1992 entfielen in Deutschland ca. zwei Drittel der NTA-Produktion und ca. ein Viertel der EDTA-Produktion auf diesen Anwendungsbereich [KLO 1994]. In Haushaltswaschmitteln werden als Phosphatersatzstoffe zur Enthärtung allerdings Zeolithe bevorzugt. Zusätzlich finden hier auch Polycarboxylate (z.B. Copolymere aus Malein-säure und Acrylsäure) Anwendung. Als Stabilisator für das Bleichmittel Perborat (Verhinderung der vorzeitigen Zersetzung durch Metallionen) werden heute anstelle von EDTA meist Phosphonsäuren (s.u.) verwendet.

Aufgrund der niedrigen pK_{S1}-Werte liegen EDTA und NTA in wäßrigen Lösungen in Form von Anionen vor. EDTA und NTA bilden mit Metallionen, insbesondere mit Schwermetallionen, außerordentlich stabile Chelatkomplexe (Abschn. 4.6.1). In der Regel bindet dabei ein Metallion genau ein Ligandmolekül bzw. -ion (1:1-Komplex). Die EDTA-Komplexe weisen im Vergleich zu den NTA-Komplexen höhere Stabilitätskonstanten auf. Bei der Abwasserbehandlung können Schwermetalle durch EDTA aus dem Klärschlamm remobilisiert werden. Da EDTA biologisch schlecht abbaubar ist, muß mit einem Eintrag in Oberflächengewässer und mit der Freisetzung von Metallen aus dem Sediment gerechnet werden. NTA ist dagegen etwas besser abbaubar. In belasteten Flüssen können die synthetischen Komplexbildner NTA und EDTA in Konzentrationen >10 µg/L auftreten.

Als synthetische Komplexbildner finden neben den Aminoessigsäuren EDTA und NTA vor allem Phosphonsäuren Anwendung. Die für Phosphonsäuren typische funktionelle Gruppe $-PO(OH)_2$ ist bei den technisch wichtigen Produkten meist mehrfach oder in Kombination mit Carbonsäuregruppen vorhanden. Häufig besitzen die Moleküle noch Aminofunktionen, so daß sich strukturelle Ähnlichkeiten mit EDTA und NTA ergeben (Abb. 5.21).

Phosphonsäuren finden ebenso wie die Komplexbildner EDTA und NTA überall da Anwendung, wo Metallionen (vor allem Härtebildner) gebunden werden sollen, um Ausfällungen zu verhindern (Wasch- und Reinigungsmittel, Zusatz zu Kesselspeise- oder Kühlwasser, Papier- und Textilindustrie). Interessanterweise tritt die stabilisierende Wirkung bereits bei unterstöchiometrischen Dosierungen auf - eine Erscheinung, die mit der Verhinderung bzw. Verzögerung des Kristallwachstums durch adsorptive Blockierung der Wachstumsstellen der submikroskopischen Kristallkeime erklärt wird. In Haushaltswaschmitteln erfüllen Phosphonsäuren bzw. Phosphonate vor allem die Funktion, das Bleichmittel Perborat zu stabilisieren.

Phosphonsäuren sind relativ starke Säuren. Die pK_{S1}-Werte liegen in den meisten Fällen unter 2, so daß die Säuren im allgemeinen als Phosphonatanionen vorliegen. Die analytische Bestimmung dieser stark hydrophilen Verbindungen in natürlichen Wässern bereitet zur Zeit noch erhebliche Probleme. Daraus erklärt sich, daß bisher nur wenige Erkenntnisse über Auftreten und Wirkung in Gewässern vorliegen. Aus der Polarität bzw. Hydrophilie kann jedoch auf geringe Bio- und Geoakkumulation und hohe Mobilität geschlossen werden. Hinsichtlich der Remobilisierung von Schwermetallen aus Sedimenten oder Klärschlämmen dürften ähnliche Effekte wie bei EDTA und NTA zu erwarten sein.

Für synthetische Komplexbildner existieren keine Trinkwassergrenzwerte.

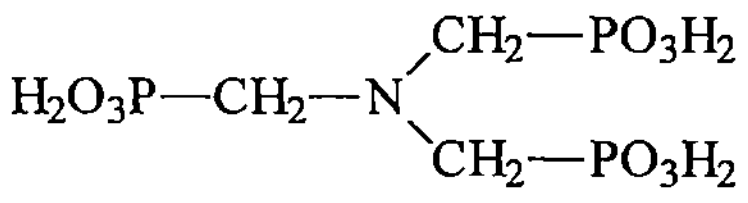

$$H_2O_3P\text{—}CH_2\text{—}N\begin{cases} CH_2\text{—}PO_3H_2 \\ CH_2\text{—}PO_3H_2 \end{cases}$$

Aminotri(methylenphosphonsäure)
ATMP

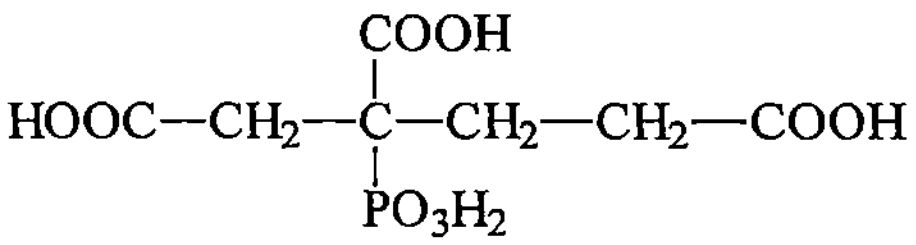

$$HOOC\text{—}CH_2\text{—}\underset{\underset{PO_3H_2}{|}}{\overset{\overset{COOH}{|}}{C}}\text{—}CH_2\text{—}CH_2\text{—}COOH$$

2-Phosphonobutan-1,2,3-tricarbonsäure
PBTC

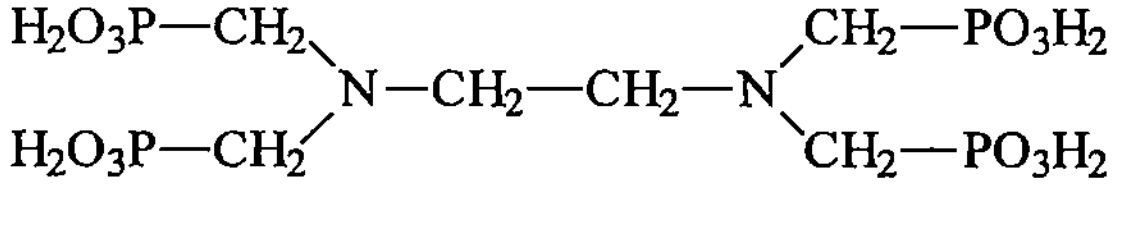

$$\begin{matrix} H_2O_3P\text{—}CH_2 \\ \\ H_2O_3P\text{—}CH_2 \end{matrix}\!\!N\text{—}CH_2\text{—}CH_2\text{—}N\!\!\begin{matrix} CH_2\text{—}PO_3H_2 \\ \\ CH_2\text{—}PO_3H_2 \end{matrix}$$

Ethylendiamintetra(methylenphosphonsäure) EDTMP

Abb. 5.21: Ausgewählte Phosphonsäuren

5.7 Nebenprodukte der Trinkwasseraufbereitung

Bei der Trinkwasseraufbereitung werden zur Desinfektion verschiedene hochreaktive Chemikalien eingesetzt. Es handelt sich hierbei um starke Oxidationsmittel, wie Chlor (bzw. die im Wasser daraus gebildete unterchlorige Säure HOCl) oder Chlordioxid, die Krankheitserreger abtöten und die Wiederverkeimung im Rohrnetz verhindern sollen. Ozon ist ein weiteres starkes Oxidationsmittel, das in der Trinkwasseraufbereitung Anwendung findet. Es ist zwar ebenfalls ein potentielles Desinfektionsmittel, zeigt aber keine langanhaltende Wirkung. Wegen seiner oxidierenden Wirkungen wird Ozon jedoch häufig an anderen Stellen des Aufbereitungsprozesses eingesetzt. Diese zur Desinfektion/Oxidation verwendeten Chemikalien können - über ihre gewünschte Wirkung hinaus - mit Inhaltsstoffen des Wassers Reaktionen eingehen, die zu unerwünschten Nebenprodukten führen, die als Desinfektions- bzw. Oxidationsnebenprodukte bezeichnet werden. Als Reaktionspartner kommen dabei sowohl anorganische als auch organische Wasserinhaltsstoffe in Betracht.

Schon relativ lange bekannt ist die Bildung außerordentlich geruchsintensiver Chlorphenole bei der Chlorung phenolhaltiger Wässer. In den letzten Jahren sind neben anthropogenen organischen Stoffen insbesondere die Huminstoffe als Präkursoren (engl. Precursors) der Bildung von Desinfektionsnebenprodukten erkannt worden. Die Reaktionsmechanismen, die zur Entstehung unerwünschter Nebenprodukte führen, sind außerordentlich komplex, so daß hier nur ein grober Überblick gegeben werden kann.

Bei Anwendung von Chlor als Desinfektionsmittel erfolgt im Wasser eine Disproportionierung nach

$$Cl_2 + H_2O \rightleftharpoons H^+ + Cl^- + HOCl \, . \tag{5.39}$$

Die schwache unterchlorige Säure steht mit ihrem Anion ClO^- (Hypochlorit) in einem pH-abhängigen Gleichgewicht ($pK_S = 7{,}6$ bei 25 °C):

$$HOCl \rightleftharpoons H^+ + ClO^- \, . \tag{5.40}$$

Mit Ausnahme des Chlorids Cl⁻ sind alle anderen Chlorspezies in diesem System potentielle Desinfektions-/Oxidationsmittel und Chlorierungsreagenzien, wenn auch mit unterschiedlicher Reaktivität. Am wirksamsten ist die unterchlorige Säure HOCl. In der Trinkwasseraufbereitung bezeichnet man die Summe aus Cl_2, HOCl und ClO⁻ als freies Chlor. Durch Reaktion von Chlor bzw. seinen Folgeprodukten mit den zumeist noch in geringen Konzentrationen vorhandenen organischen Wasserinhaltsstoffen können chlorierte und bei gleichzeitiger Anwesenheit von Bromid (Oxidation zu Br_2 bzw. HOBr) auch bromierte oder gemischthalogenierte organische Nebenprodukte gebildet werden. Hierzu zählen u.a. Trihalogenmethane (Trihalomethane, Haloforme, THM), halogenierte Essigsäuren, halogenierte Acetonitrile, halogenierte Ketone sowie Chlorphenole (Abb. 5.22).

<pre>
      Cl   Cl   Cl   Cl   H
      | | | | |
 Cl—C—H   Cl—C—COOH   Cl—C—C≡N   Cl—C—C—C—H
      | | | | || |
      Cl   Cl   Cl   Cl O H

 Chloroform   Trichloressigsäure   Trichloracetonitril 1,1,1-Trichlorpropanon
 (Trichlormethan)
</pre>

Abb. 5.22: Beispiele für organische Desinfektionsnebenprodukte

Für die Trihalogenmethane (Chloroform, Monobromdichlormethan, Dibrommonochlormethan, Bromoform) gilt ein Trinkwassergrenzwert nach Aufbereitung von 0,01 mg/L.

Bei der Anwendung von Chlordioxid ClO_2 tritt die Bildung halogenierter organischer Nebenprodukte in den Hintergrund, dagegen ist mit der Bildung von Chlorit und Chlorat zu rechnen. Insbesondere Chlorit gilt als gesundheitsgefährdend (hämolytische Anämie). Das oxidierend wirkende Chlordioxid wird bei der Reaktion mit organischen Wasserinhaltsstoffe reduziert, wobei neben Chlorid Cl⁻ auch Chlorit ClO_2^- entsteht. Die Anwendungsdosis von Chlordioxid in der Trinkwasseraufbereitung ist auf maximal 0,4 mg/L ClO_2 begrenzt. Nach der Aufbereitung gilt sowohl für ClO_2 als auch für das entstandene ClO_2^- ein Grenzwert von 0,2 mg/L.

Im alkalischen Bereich kann aus Chlordioxid durch Disproportionierung Chlorit und Chlorat nach

$$2\,ClO_2 + 2\,OH^- \rightleftharpoons ClO_2^- + ClO_3^- + H_2O \hspace{2cm} (5.41)$$

gebildet werden. Diese Reaktion stellt zumindest eine potentielle Quelle von Chlorit und Chlorat dar. Chlorat entsteht auch aus Chlordioxid bei gleichzeitiger Anwesenheit anderer (stärkerer) Oxidationsmittel (HOCl, O_3). Für Chlorat existiert kein Trinkwassergrenzwert.

Die Anwendung von Ozon als Oxidationsmittel führt bei den in der Trinkwasseraufbereitung üblichen Konzentrationen in der Regel nicht zur Totaloxidation organischer Wasserinhaltsstoffe, vielmehr entstehen durch Teiloxidation - meist unter Verringerung der Molekülgrößen - polarere Verbindungen mit sauerstoffhaltigen funktionellen Gruppen (Carboxyl- und Carbonylgruppen).

Mit im Rohwasser vorhandenem Bromid reagiert Ozon zunächst zu unterbromiger Säure HOBr ($pK_S = 8,6$ bei 25 °C) bzw. Hypobromit BrO^-. In konkurrierenden Reaktionen können daraus Bromat oder bromorganische Verbindungen gebildet werden, wobei pH-Wert und DOC-Gehalt des Wassers den bevorzugten Reaktionsweg bestimmen. Für das als cancerogen eingestufte Bromat gibt es in Deutschland bisher keinen Trinkwassergrenzwert. Der von der WHO (Weltgesundheitsorganisation) empfohlene Richtwert beträgt 25 µg/L; im Vorschlag zur neuen EU-Trinkwasserrichtlinie ist ein Grenzwert von 10 µg/L angegeben.

Desinfektions- und Oxidationsnebenprodukte sind in Trinkwässern unerwünscht. Ihre Bildung läßt sich jedoch nicht vollständig vermeiden, da in der Regel auf den Einsatz der Desinfektions- bzw. Oxidationsmittel nicht verzichtet werden kann. So würde beispielsweise der Verzicht auf eine Desinfektion bei der Aufbereitung von Oberflächenwässern und Uferfiltraten zu weitaus gravierenderen Gesundheitsgefährdungen führen. Anzustreben ist jedoch eine weitgehende Minimierung der Nebenprodukte durch verbesserte Aufbereitungsverfahren. Mögliche Ansatzpunkte sind unter anderem die Optimierung des Chemikalieneinsatzes oder die Reduzierung der Präkursoren.

6   Ausblick

Die Zahl der Wasserinhaltsstoffe ist heute kaum mehr überschaubar. Zum einen werden ständig neue chemische Verbindungen produziert, die bei Herstellung und Anwendung in die Umwelt gelangen können, zum anderen ermöglichen moderne Analysenmethoden die Erfassung von immer mehr Substanzen in immer geringeren Konzentrationen. Bestimmungsgrenzen im unteren ng/L-Bereich und zum Teil auch darunter sind keine Seltenheit mehr.

Damit rücken Stoffe und Stoffgruppen in den Mittelpunkt des Interesses, die früher kaum Beachtung fanden. Zu den Wasserinhaltsstoffen, die Gegenstand aktueller Forschungen sind, gehören zum Beispiel Arzneimittelrückstände, metallorganische Verbindungen, organische Stickstoff- und Schwefelverbindungen sowie algenbürtige Substanzen (Algentoxine).

Aber auch bei vielen der schon länger bekannten Wasserinhaltsstoffe besteht Forschungsbedarf, insbesondere im Hinblick auf Verhalten und Wechselwirkungen in aquatischen Systemen. Beispielhaft sollen hier nur die hinsichtlich ihrer Struktur bislang nur ansatzweise charakterisierten Huminstoffe erwähnt werden, die sowohl mit anorganischen als auch mit organischen Wasserinhaltsstoffen wechselwirken.

Aus der Sicht der Wasseranalytik stellen heute insbesondere die hydrophilen Wasserinhaltsstoffe noch ein Problem dar. Wegen ihrer hohen Affinität zum Wasser lassen sich diese Stoffe nur schwer aus der wäßrigen Phase anreichern, was aber gerade für viele Methoden der Spurenanalytik unverzichtbare Voraussetzung ist. Dem Stand der Analytik entsprechend sind die Kenntnisse über diese Wasserinhaltsstoffe noch relativ gering. Typisches Beispiel sind die phosphororganischen Komplexbildner.

Ein weiteres aktuelles Gebiet der Wasserchemie ist die Speziation. Unter Speziation versteht man die Unterscheidung zwischen den verschiedenen Bindungsformen (Spezies) eines Elements. Besondere Bedeutung hat die Speziation für die Schwermetalle, die in Gewässern z.B. als hydratisierte Ionen (z.T. in verschiedenen Oxidationszahlen), komplex gebunden, als Organometallverbindungen oder schwebstoff- bzw. sedimentgebunden auftreten können, mit den üblichen Analysenmethoden aber nur als Gesamtelementkonzentrationen erfaßt werden. Die Notwendigkeit der Bestimmung der unterschiedlichen Spezies ergibt sich daraus, daß viele umweltrelevante Eigenschaften, wie Bioverfügbarkeit, Toxizität oder Transportverhalten, entscheidend durch die Bindungsform beeinflußt werden.

Die Wasseranalytik schafft die Voraussetzungen dafür, daß wir unsere Kenntnisse über Vorkommen und Verhalten von Wasserinhaltsstoffen erweitern können. Zweifellos wird daher die Entwicklung spurenanalytischer Methoden zur Einzelstoffbestimmung auch weiterhin Bedeutung haben. Innovative Entwicklungen sind dabei sowohl in der chemischen Analytik als auch insbesondere bei den biochemischen Verfahren zu erwarten. Ebenso sicher ist jedoch, daß routinemäßig niemals alle Wasserinhaltsstoffe analytisch bestimmt werden können. Notwendig ist daher auch die Weiterentwicklung summarischer Parameter bzw. die Festlegung von Leitsubstanzen für verschiedene Stoffgruppen unter besonderer Berücksichtigung der Umweltrelevanz. Zur Erfassung summarischer Wirkungen toxischer Substanzen können Biotests hilfreich sein.

Die analytische Bestimmung von Einzelstoffen oder Stoffgruppen allein läßt jedoch noch keine Beurteilung der Wasserqualität zu. Hierfür sind Qualitätskriterien erforderlich, mit denen die analytischen Befunde zu vergleichen sind.

Für Trinkwasser und Abwasser existieren gesetzlich vorgeschriebene Grenzwerte, bei deren Festlegung verschiedene Aspekte berücksichtigt werden. Neben öko- und humantoxikologischen Gesichtspunkten spielen der Stand der Wasserreinigungstechnik und der Analytik sowie politische Interessen eine Rolle. In Abhängigkeit von der Veränderung dieser Faktoren (neue Erkenntnisse über Wirkungen, neue technische Entwicklungen, Anpassung an internationale Regelungen) müssen die Grenzwerte von Zeit zu Zeit aktualisiert werden. Dies betrifft sowohl die Höhe der Grenzwerte wie auch den Umfang der zu berücksichtigenden Wasserinhaltsstoffe bzw. Kenngrößen.

Für Gewässer ist die Festlegung von Qualitätskriterien wegen der großen natürlichen Schwankungsbreite der Konzentrationen von Wasserinhaltsstoffen (Fehlen eines definierten Referenzzustandes) und der Komplexität aquatischer Systeme schwierig. Geeignete Gewässergütekriterien festzulegen, erfordert ein hohes Maß an Kenntnissen über natürliche Quellen und anthropogene Einträge von Wasserinhaltsstoffen, über die komplexen Reaktionsmechanismen in Gewässern, über medienübergreifende Stofftransportprozesse sowie nicht zuletzt über toxische Wirkungen. Ökosystemare Betrachtungsweisen gewinnen hierbei immer mehr an Bedeutung.

Im vorliegenden Buch mußten bei der Beschreibung der Wasserinhaltsstoffe und ihrer Reaktionen zwangsläufig starke Vereinfachungen gemacht werden.

Im allgemeinen sind nahezu alle Wasserinhaltsstoffe in irgendeiner Weise direkt an Umsetzungen beteiligt oder nehmen indirekt (z.B. über die Ionenstärke) Einfluß auf die Reaktions- und Veteilungsgleichgewichte. Hinzu kommt, daß viele Umsetzungen in aquatischen Systemen durch Mikroorganismen bewirkt werden, so daß zusätzlich biologische Faktoren zu berücksichtigen sind. Überall da, wo sich Gleichgewichte nicht spontan einstellen, ist die Kinetik zu beachten. Da es nicht möglich (und in der Regel auch nicht erforderlich) ist, alle Prozesse in ihrer Komplexität zu erfassen, ergibt sich die Aufgabe, für den konkreten Fall jeweils aus der Vielzahl der möglichen Prozesse die dominierenden Reaktionen und Reaktionspartner auszuwählen und die Randbedingungen zu definieren, um dann die Prozesse mit geeigneten Modellen beschreiben zu können. Die Modellierung hydrochemischer Prozesse mit Hilfe moderner Computertechnik wird in Zukunft sicher noch weiter an Bedeutung gewinnen.
Schon die wenigen aufgezeigten Problemkreise machen deutlich, daß wasserchemische Forschung auch in Zukunft einen hohen Stellenwert haben wird und zunehmend interdisziplinär ausgerichtet sein muß.

Anhang

Anhang A: Gehaltsangaben für gelöste Stoffe

Massenkonzentration ρ^* (auch β)

Die Massenkonzentration $\rho^*(X)$ eines Stoffes X ist der Quotient aus seiner Masse $m(X)$ und dem Volumen V der Lösung:

$$\rho^*(X) = \frac{m(X)}{V} \; .$$

Gebräuchliche Einheiten sind: g/L; mg/L (10^{-3} g/L); µg/L (10^{-6} g/L); ng/L (10^{-9} g/L).

Stoffmengenkonzentration (molare Konzentration) c

Die Stoffmengenkonzentration $c(X)$ eines Stoffes X ist der Quotient aus seiner Stoffmenge $n(X)$ und dem Volumen V der Lösung:

$$c(X) = \frac{n(X)}{V} \; .$$

Stoffmengenkonzentrationen werden insbesondere für physikalisch-chemische Berechnungen (z.B. Massenwirkungsgesetz) verwendet. Die Umrechnung von Masse $m(X)$ in Stoffmenge $n(X)$ erfolgt über die molare Masse $M(X)$:

$$n(X) = \frac{m(X)}{M(X)} \; .$$

Gebräuchliche Einheiten der Stoffmengenkonzentration sind: mol/L, mmol/L (10^{-3} mol/L).

Äquivalentkonzentration c(1/z X)

Die Äquivalentkonzentration c(1/z X) eines Stoffes X ist der Quotient aus seiner Äquivalentstoffmenge n(1/z X) und dem Volumen V der Lösung:

$$c(\frac{1}{z}X) = \frac{n(\frac{1}{z}X)}{V} \ .$$

Das Äquivalent ist der gedachte Bruchteil 1/z eines Teilchens X. Die Wertigkeit z entspricht beim Ionenäquivalent der Ladungszahl des Ions, beim Neutralisationsäquivalent der Anzahl der ersetzten bzw. gebundenen H^+-Ionen oder OH^--Ionen und beim Redoxäquivalent der Anzahl der abgegebenen oder aufgenommenen Elektronen. Zwischen Stoffmengenkonzentration und Äquivalentkonzentration besteht der Zusammenhang:

$$c(\frac{1}{z}X) = z\,c(X) \ .$$

Äquivalentkonzentrationen werden ebenfalls in mol/L bzw. mmol/L angegeben.

Molalität c_m (auch b oder m)

Die Molalität c_m eines Stoffes X ist der Quotient aus seiner Stoffmenge n(X) und der Masse m(LM) des Lösungsmittels:

$$c_m(X) = \frac{n(X)}{m(LM)} \ .$$

Die Einheiten der Molalität sind: mol/kg oder mmol/kg.
Bei sehr niedrigen Konzentrationen des gelösten Stoffes ist die Masse des Lösungsmittels annähernd gleich der Masse der Lösung, und die Dichte der Lösung unterscheidet sich nicht wesentlich von der Dichte des Lösungsmittels. Für das Lösungsmittel Wasser mit der Dichte 1 kg/L gilt dann näherungsweise: 1 kg Lösung $\approx$ 1 kg Lösungsmittel $\approx$ 1 L Lösung. Unter diesen

Bedingungen sind Molalität und Stoffmengenkonzentration zahlenmäßig annähernd gleich.

Massenanteil w

Der Massenanteil w eines Stoffes X ist der Quotient aus seiner Masse m(X) und der Masse der Lösung (Summe der Masse des Lösungsmittels und aller gelösten Stoffe Σ m):

$$w(X) = \frac{m(X)}{\Sigma m} \quad .$$

Der mit 100% multiplizierte Massenanteil wird als Masseprozent bezeichnet. Vom Massenanteil (Dimension: Masse/Masse) leiten sich Einheiten ab, die insbesondere zur Angabe niedriger Konzentrationen geeignet sind:

1 ppm (parts per million, Teile pro Million Teile) = 1 g / 10^6 g = 1 mg/kg,

1 ppb (parts per billion, Teile pro Milliarde Teile) = 1 g / 10^9 g = 1 µg/kg,

1 ppt (parts per trillion, Teile pro Billion Teile) = 1 g / 10^{12} g = 1 ng/kg .

Die Einheiten ppm, ppb und ppt werden oft Einheiten der Massenkonzentration (mg/L, µg/L, ng/L) gleichgesetzt. Dies ist nicht ganz exakt, kann aber als Näherung akzeptiert werden, wenn sich (bei niedrigen Konzentrationen der gelösten Stoffe) die Dichte der Lösung nicht wesentlich von der Dichte des Lösungsmittels Wasser (1 kg/L) unterscheidet, so daß näherungsweise gilt: 1 kg Lösung $\approx$ 1 L Lösung.

Stoffmengenanteil (Molenbruch) x

Der Stoffmengenanteil x eines Stoffes X ist der Quotient aus seiner Stoffmenge n(X) und der Summe aller Stoffmengen (Σ n) in der Lösung:

$$x(X) = \frac{n(X)}{\Sigma n} \quad .$$

Anhang B: Druck und Partialdruck

Druckeinheiten

Die SI-Einheit des Druckes ist Pascal (Pa).

$$1\ Pa = 1\ N/m^2 .$$

Für die Umrechnung der früher gebräuchlichen Einheiten Physikalische Atmosphäre (atm) und Torr in Pa gilt:

$$1\ atm = 101325\ Pa\ (\approx 0{,}1\ MPa), \qquad\qquad 1\ Torr = 133{,}322\ Pa .$$

Anstelle der Einheit Pascal wird häufig die davon abgeleitete Einheit Bar (bar) verwendet:

$$1\ bar = 10^5\ Pa = 0{,}1\ MPa\ \approx 1\ atm.$$

Im vorliegenden Buch werden Drücke ausschließlich in bar angegeben.

Partialdrücke als konzentrationsanaloge Größen für Gasgemische

Für Gehaltsangaben von Komponenten gasförmiger Gemische wird häufig anstelle der Konzentration der Partialdruck p_i verwendet. Der Zusammenhang zwischen Partialdruck p_i (in bar) und molarer Konzentration c_i (in mol/L) kann über die Zustandsgleichung idealer Gase (ideales Gasgesetz) hergestellt werden:

$$p_i\,V = n_i\,R\,T$$

V - Volumen in L, R - Gaskonstante ($0{,}08314\ bar\ L\ mol^{-1}\ K^{-1}$), T - Temperatur in K, n_i - Stoffmenge in mol.

Mit der Definition der molaren Konzentration c_i

$$c_i = \frac{n_i}{V}$$

ergibt sich

$$p_i = c_i\, R\, T \ .$$

Die Partialdrücke der gasförmigen Komponenten addieren sich zum Gesamtdruck P (DALTONsches Gesetz). Der Partialdruck entspricht dem anteiligen Druck der betrachteten Komponente. Es gilt somit:

$$P = p_1 + p_2 + \dots$$

$$p_i = y_i\, P \ .$$

y_i ist hier der Molenbruch (Stoffmengenanteil) der gasförmigen Komponente i, der analog zum Molenbruch x_i für flüssige Mischphasen definiert ist (Anhang A). Für ideale oder als ideal angenommene Gasgemische gilt, daß der Molenbruch y_i gleich dem Volumenanteil (Volumenprozent dividiert durch 100) ist.

Beispiel:
Luft enthält ca. 21 Vol.-% Sauerstoff. Der Molenbruch des Sauerstoffs in der Luft beträgt somit $y_i = 0{,}21$. Bei einem Atmosphärendruck (Gesamtdruck) von 1 bar ergibt sich daraus der Partialdruck des Sauerstoffs in der Luft zu $p(O_2) = 0{,}21$ bar.

Anhang C: Redoxintensität und Redoxpotential

In der Wasserchemie wird als Maß zur Beschreibung der Reduktions- bzw. Oxidationsfähigkeit eines Redoxsystems (Oxidationsmittel und korrespondierendes Reduktionsmittel) meist die Redoxintensität $p\varepsilon$ verwendet. Prinzipiell ist hierfür aber auch die in der Physikalischen Chemie (insbesondere in der Elektrochemie) gebräuchliche Größe Redoxpotential E_H geeignet.
Der Zusammenhang zwischen Redoxintensität und Redoxpotential ergibt sich durch Vergleich der in Abschnitt 4.5 hergeleiteten Beziehung (4.57)

$$p\varepsilon = p\varepsilon^{\,o} + \frac{1}{n}\lg\frac{c(\text{Ox})}{c(\text{Red})}$$

mit der NERNSTschen Gleichung

$$E_H = E_H^{\,o} + \frac{2{,}3\,R\,T}{n\,F}\lg\frac{c(\text{Ox})}{c(\text{Red})}$$

$E_H^{\,o}$ - Standardredoxpotential in V, T - Temperatur in K, R - Gaskonstante $(8{,}314\ J\ K^{-1}mol^{-1})$, n - Zahl der ausgetauschten Elektronen,   F - FARADAY-Konstante $(96490\ C\ mol^{-1})$
$(1\ J = 1\ Ws = 1\ VAs,\ 1\ C = 1\ As)$.

Es gilt somit allgemein:

$$E_H = \frac{2{,}3\,R\,T}{F}\,p\varepsilon$$

bzw.

$$E_H^{\,o} = \frac{2{,}3\,R\,T}{F}\, p\varepsilon^{\,o} \ .$$

Für 25 °C beträgt der Umrechnungsfaktor

$$\frac{2{,}3\,R\,T}{F} = 0{,}0059 \ \text{V} \ .$$

Beispiel:
Die Standardredoxintensität für das System Fe^{2+}/Fe^{3+} beträgt $p\varepsilon^{o} = 13$, das Standardredoxpotential hat dementsprechend den Wert $E_H^{o} = 0{,}77$ V (25 °C).

Anhang D: Auszüge aus der Trinkwasserverordnung[*] – Grenz- und Richtwerte

§ 2 Abs. 1: In Trinkwasser dürfen die in der Anlage 2 festgesetzten Grenzwerte nicht überschritten werden.

§ 3: Um einer nachteiligen Beeinflussung des Trinkwassers vorzubeugen und um eine einwandfreie Beschaffenheit des Trinkwassers sicherzustellen, dürfen im Trinkwasser die in der Anlage 4, im Falle des Erlasses einer Rechtsverordnung nach § 4 Abs. 2 die dort festgesetzten Grenzwerte nicht überschritten werden; die in Anlage 7 festgesetzten Richtwerte sollen nicht überschritten werden.

§ 4 Abs. 2: Die Landesregierungen werden ermächtigt, durch Rechtsverordnung zuzulassen, daß von den in Anlage 4 festgesetzten Grenzwerten bis zu einer von ihnen festzusetzenden Höhe abgewichen werden kann, soweit die Abweichungen gesundheitlich unbedenklich sind und soweit dies erforderlich ist, um folgenden regionalen Gegebenheiten Rechnung zu tragen:
a) der besonderen Beschaffenheit und Struktur des Geländes des geographischen Bereichs, von dem die entsprechende Wasserversorgungsanlage einschließlich des Wassereinzugsgebietes abhängt,
b) außergewöhnlichen Wetterverhältnissen.
Eine Abweichung nach Buchstabe b darf nur für einen befristeten Zeitraum zugelassen werden.

---

[*] Verordnung über Trinkwasser und über Wasser für Lebensmittelbetriebe (Trinkwasserverordnung - TrinkwV) vom 05. Dezember 1990. Bundesgesetzblatt 1990 Teil I, S. 2612-2629.

Anlage 2 (zu § 2 Abs. 1 der Trinkwasserverordnung)

Grenzwerte für chemische Stoffe

Abschnitt I (periodische Untersuchungen)

Bezeichnung	Grenzwert in mg/L	berechnet als
Arsen	0,01	As
Blei	0,04	Pb
Cadmium	0,005	Cd
Chrom	0,05	Cr
Cyanid	0,05	CN^-
Fluorid	1,5	F^-
Nickel	0,05	Ni
Nitrat	50	NO_3^-
Nitrit	0,1	NO_2^-
Quecksilber	0,001	Hg
Polycyclische aromatische Kohlenwasserstoffe Fluoranthen Benzo[b]fluoranthen Benzo[k]fluoranthen Benzo[a]pyren Benzo[ghi]perylen Indeno[1,2,3-cd]pyren	insgesamt 0,0002	C
Organische Chlorverbindungen 1,1,1-Trichlorethan Trichlorethen Tetrachlorethen Dichlormethan	insgesamt 0,01	
Tetrachlormethan	0,003	CCl_4

Anlage 2 (Fortsetzung)

Abschnitt II (besondere Untersuchungen)

Bezeichnung	Grenzwert mg/L	berechnet als
Organisch-chemische Stoffe zur Pflanzenbehandlung und Schädlingsbekämpfung einschließlich ihrer toxischen Hauptabbauprodukte und polychlorierte, polybromierte. Biphenyle und Terphenyle	einzelne Substanz 0,0001 insgesamt 0,0005	
Antimon	0,01	Sb
Selen	0,01	Se

Anlage 4 (zu § 3 der Trinkwasserverordnung)

Kenngrößen und Grenzwerte zur Beurteilung der Beschaffenheit des Trinkwassers

I. Sensorische Kenngrößen

Bezeichnung	Grenzwert	festgelegtes Verfahren/ Bemerkungen
Färbung (spektraler Absorptionskoeffizient Hg 436 nm)	$0{,}5\ \mathrm{m}^{-1}$	Bestimmung des spektralen Absorptionskoeffizienten mit Spektralphotometer oder Filterphotometer
Trübung	1,5 Trübungseinheit/ Formazin	Bestimmung des spektralen Streukoeffizienten
Geruchsschwellenwert	2 bei 12 °C 3 bei 25 °C	stufenweise Verdünnung mit geruchsfreiem Wasser und Prüfung auf Geruch

Anlage 4 (Fortsetzung)

II. Physikalisch-chemische Kenngrößen

Bezeichnung	Grenzwert	berechnet als	festgelegtes Verfahren/ Bemerkungen
Temperatur	25 °C		Grenzwert gilt nicht für erwärmtes Trinkwasser
pH-Wert	nicht unter 6,5 und und nicht über 9,5 a) bei metallischen oder zementhaltigen Werkstoffen, außer passiven Stählen, darf im pH-Bereich 6,5-8,0 der pH-Wert des abgegebenen Wassers nicht unter dem pH-Wert der Calciumcarbonatsättigung liegen; b) bei Faserzementwerkstoffen darf im pH-Bereich 6,5-9,5 der pH-Wert des abgegebenen Wassers nicht unter dem pH-Wert der Calciumcarbonatsättigung liegen		elektrometrische Messung mit Glaselektrode; für Wasserversorgungsanlagen mit einer Abgabe bis 1000 m^3 pro Jahr ist auch photometrische Messung zulässig; der pH-Wert der Calciumcarbonatsättigung wird durch Berechnung bestimmt; Schwankungen des pH-Wertes des Wassers unter den pH-Wert der Calciumcarbonatsättigung bleiben bis zu 0,2 pH-Einheiten unberücksichtigt
Leitfähigkeit	2000 $\mu S\ cm^{-1}$		elektrometrische Messung
Oxidierbarkeit	5 mg/L	O_2	maßanalytische Bestimmung der Oxidierbarkeit mittels Kaliumpermanganat/Kaliumpermanganatverbrauch

Anlage 4 (Fortsetzung)

III. Grenzwerte für chemische Stoffe

Bezeichnung	Grenzwert mg/L	berechnet als	festgelegte Verfahren/ Bemerkungen
Aluminium	0,2	Al	
Ammonium	0,5	NH_4^+	geogen bedingte Überschreitungen bleiben bis zu einem Grenzwert von 30 mg/L außer Betracht
Barium	1	Ba	
Bor	1	B	
Calcium	400	Ca	
Chlorid	250	Cl^-	
Eisen	0,2	Fe	
Kalium	12	K	geogen bedingte Überschreitungen bleiben bis zu einem Grenzwert von 50 mg/L außer Betracht
Kjeldahl-stickstoff	1	N	
Magnesium	50	Mg	geogen bedingte Überschreitungen bleiben bis zu einem Grenzwert von 120 mg/L außer Betracht
Mangan	0,05	Mn	
Natrium	150	Na	
Phenole	0,0005	Phenol C_6H_5OH	ausgenommen natürliche Phenole, die nicht mit Chlor reagieren; ist eingehalten, wenn der Grenzwert der Anlage 4 Nr. 3 "Geruchsschwellenwert" eingehalten wird
Phosphor	6,7	PO_4^{3-}	Grenzwert entspricht 5 mg/L P_2O_5
Silber	0,01	Ag	bei Zugabe von Silber oder Silberverbindungen für die Aufbereitung von Trinkwasser gilt Anlage 3 Nr.4
Sulfat	240	SO_4^{2-}	geogen bedingte Überschreitungen bleiben bis zu einem Grenzwert von 500 mg/L außer Betracht

Anlage 4 (Fortsetzung)

III. Grenzwerte für chemische Stoffe (Fortsetzung)

Bezeichnung	Grenzwert mg/L	berechnet als	festgelegte Verfahren/ Bemerkungen
Gelöste oder emulgierte Kohlenwasser- stoffe; Mineralöle	0,01		
Mit Chloroform extrahierbare Stoffe	1	Abdampf- rückstand	ist eingehalten, wenn der Grenzwert der Anlage 4 Nr. 7 "Oxidierbarkeit" eingehalten wird
Oberflächen- aktive Stoffe a) anionische b) nichtionische	0,2	a) Methylen- blauaktive Substanz b) Bismut- aktive Substanz	a) Bestimmung anionischer Tenside mittels Methylenblau gegen Dodecyl- benzolsulfonsäuremethylester als Standard b) Bestimmung nichtionischer Ten- side mit modifiziertem Dragendorff- Reagens gegen Nonylphenoldeka- ethoxylat

Anlage 7 (zu § 3 der Trinkwasserverordnung)

Richtwerte für chemische Stoffe

Bezeichnung	Richtwert mg/L	berechnet als	festgelegtes Verfahren/ Bemerkungen
Kupfer	3	Cu	Der Richtwert gilt nach Stagnation von 12 Stunden. Innerhalb von 2 Jahren nach der Installation von Kupferrohren gilt der Richtwert ohne Berücksichtigung der Stagnation.
Zink	5	Zn	Der Richtwert gilt nach Stagnation von 12 Stunden. Innerhalb von 2 Jahren nach der Installation von verzinkten Stahlrohren gilt der Richtwert ohne Berücksichtigung der Stagnation.

Die Werkstoffe Kupfer und verzinkter Stahl sind in Abhängigkeit von der Wasserqualität nur entsprechend dem Stand der Technik zu verwenden oder einzusetzen.

Glossar

anthropogen
durch den Menschen verursacht oder beeinflußt.

Bioakkumulation
Anreicherung von chemischen Stoffen in Organismen; umfaßt die Aufnahme über die Nahrung (Biomagnifikation) und die direkte Aufnahme aus dem umgebenden Medium (Biokonzentration); vgl. auch Abschn. 5.6.1.

cancerogen
(auch karzinogen) krebserregend.

Elektronegativität
Maß für das Bestreben eines Atoms, Bindungselektronen anzuziehen; unterschiedliche Elektronegativitäten der Bindungspartner führen zur Polarisierung einer kovalenten Bindung (Atombindung).

Entropie
thermodynamische Größe, die als Maß für den Ordnungszustand eines betrachteten Systems interpretiert werden kann; bei jedem freiwillig ablaufenden Prozeß ist die Summe der Entropieänderungen des Systems und der Umgebung größer als Null (Erhöhung der Unordnung).

Dissoziation
allgemein: Spaltung chemischer Bindungen, Zerfall einer Verbindung; bei Elektrolyten (z.B. Säuren, Salze): Zerfall in Ionen (elektrolytische Dissoziation).

Geoakkumulation
Anreicherung von Substanzen in oder an Feststoffen (Boden, Sedimente).

Grundwasser

unterirdisches Wasser, das die Hohlräume der Erdrinde zusammen-
hängend ausfüllt.

hydrophil

wasseranziehend, hohe Affinität zum Wasser; Gegensatz: hydrophob, lipophil.

hydrophob

wasserabstoßend; Gegensatz: hydrophil.

Kompartiment

Bestandteil (Teilbereich) eines betrachteten Systems; Umweltkompartimente sind zum Beispiel Atmosphäre, Hydrosphäre und
Lithosphäre oder auch kleinere Teilbereiche derselben.

lipophil

fettlöslich, hohe Affinität zu Fetten und fettähnlichen Stoffen; Gegensatz: hydrophil.

Metabolisierung

Abbau oder Umwandlung von Stoffen durch biochemische Prozesse
(Biotransformation).

Mineralisation

vollständiger biochemischer oder auch photochemischer Abbau organischer Stoffe zu anorganischen Stoffen.

n-Octanol-Wasser-Verteilungskoeffizient

Modellmaß für die Polarität bzw. Wasser- oder Fettlöslichkeit einer
Substanz (Symbol: P_{OW} oder K_{OW}); vgl. auch Abschn. 5.6.1.

Oberflächenwasser

Wasser in stehenden oder fließenden Gewässern (Bäche, Flüsse, Tei-
che, Seen).

Ökotoxikologie

Wissenschaftsdisziplin, die die Wirkung von chemischen Stoffen auf Ökosysteme (Organismengemeinschaften und ihre Lebensräume) untersucht.

Persistenz

Bezeichnung für den Widerstand eines chemischen Stoffes gegenüber Abbau- und Umwandlungsprozessen.

Phase

in der Chemie Bezeichnung für ein hinsichtlich der makroskopischen Eigenschaften einheitliches (homogenes) Teilsystem; Phasen können fest, flüssig oder gasförmig sein; charakteristisch ist die Existenz einer Phasengrenze, an der sich die physikalischen Eigenschaften (z.B. Dichte) sprunghaft ändern; eine Phase kann aus einer Verbindung gebildet werden (reine Phase) oder auch aus mehreren Komponenten bestehen (Mischphase).

Quelle

in der Umweltchemie Bezeichnung für ein Kompartiment, aus dem Stoffe (oder auch Energie) in ein anderes (betrachtetes) Kompartiment eingetragen werden (z.B. Atmosphäre als eine Quelle des Sauerstoffgehalts in Gewässern); im weiteren Sinne auch Prozesse, die zur Erhöhung der Konzentration von Stoffen in einem betrachteten Kompartiment führen, vgl. auch Senke.

Quellwasser

Wasser, das einem natürlichen Grundwasseraustritt entstammt.

Sedimente

Ablagerungen von ursprünglich gelösten oder suspendierten Stoffen, entstanden durch Sedimentation oder Ausfällung.

Selbstreinigung

im engeren Sinne durch Mikroorganismen bewirkter Abbau abgestorbener Biomasse oder anthropogener organischer Verbindungen zu anorganischen Verbindungen (vgl. auch Mineralisation); im weiteren Sinne auch physikalische oder chemische Prozesse, die zur Entfernung anthropogener Stoffe führen.

Senke

in der Umweltchemie Bezeichnung für ein Kompartiment, in dem ein Stoff aus einem betrachteten Kompartiment festgelegt wird (z.B. Sedimente als Senke für Schwermetalle in Gewässern), im weiteren Sinne auch Prozesse, die zur Verringerung der Konzentration im betrachteten Kompartiment führen, vgl. auch Quelle.

Substitution

Ersatz; in der Chemie Begriff für den Austausch von Atomen oder Atomgruppen einer Verbindung durch andere Atome oder Atomgruppen.

Toxizität

Giftigkeit, Begriff zur Charakterisierung der gesundheitsschädigenden Wirkung einer Substanz; akute Toxizität charakterisiert die Giftigkeit nach einmaliger Aufnahme, chronische Toxizität die Giftigkeit nach wiederholter Aufnahme über längere Zeiträume.

ubiquitär

überall vorkommend, überall verbreitet.

Uferfiltrat

aus flußnahen Brunnen gewonnenes Rohwasser für die Trinkwasseraufbereitung; durch die Untergrundpassage werden die im Flußwasser vorhandenen Schadstoffe zum Teil eliminiert.

Xenobiotika

naturfremde Stoffe; Stoffe, die natürlicherweise nicht in der Umwelt vorkommen und die nicht oder nur sehr schlecht abgebaut werden.

Abkürzungen

AOS	adsorbierbare organische Schwefelverbindungen
AOX	adsorbierbare organische Halogenverbindungen
ATMP	Aminotri(methylenphosphonsäure)
BiAS	bismutaktive Substanzen (nichtionische Tenside)
BOM	background organic matter (natürlicher organischer Hintergrund)
BTXE	Benzol, Toluol, Xylol, Ethylbenzol
CKW	Chlorkohlenwasserstoffe
CSB	chemischer Sauerstoffbedarf
DDT	Dichlordiphenyltrichlorethan
DOC	dissolved organic carbon (gelöster organischer Kohlenstoff)
DSBAS	disulfinblauaktive Substanzen (kationische Tenside)
EDTA	Ethylendiamintetraessigsäure
EDTMP	Ethylendiamintetra(methylenphosphonsäure)
EOX	extrahierbare organische Halogenverbindungen
HOV	halogenorganische Verbindungen
IOS	ionenpaarextrahierbare organische Schwefelverbindungen
LAS	lineare Alkylbenzolsulfonate
LCKW	leichtflüchtige Chlorkohlenwasserstoffe
LHKW	leichtflüchtige Halogenkohlenwasserstoffe
MBAS	methylenblauaktive Substanzen (anionische Tenside)
NOM	natural organic matter (natürliche organische Stoffe)
NTA	Nitrilotriessigsäure
PAH	polycyclic aromatic hydrocarbons, siehe auch PAK
PAK	polycyclische aromatische Kohlenwasserstoffe
PBSM	Pflanzenbehandlungs- und Schädlingbekämpfungsmittel
PBTC	2-Phosphonobutan-1,2,3-tricarbonsäure
PCB	polychlorierte Biphenyle
PCDD	polychlorierte Dibenzo-p-dioxine
PCDF	polychlorierte Dibenzofurane
Per	Perchlorethylen, Tetrachlorethen
POC	particulate organic carbon (partikulärer organischer Kohlenstoff)
POX	purgeable organic halogen (ausblasbare organische Halogenverbindungen)

PVC	Polyvinylchlorid
TCDD	Tetrachlordibenzo-p-dioxin
TCDF	Tetrachlordibenzofuran
Tetra	Tetrachlormethan
THM	Trihalogenmethane
TOC	total organic carbon (gesamter organischer Kohlenstoff)
Tri	Trichlorethylen, Trichlorethen
VC	Vinylchlorid
WHO	World Health Organization (Weltgesundheitsorganisation)
2,4-D	2,4-Dichlorphenoxyessigsäure
2,4,5-T	2,4,5-Trichlorphenoxyessigsäure

Literatur

Lehr- und Handbücher, zusammenfassende Darstellungen

Ahlers, M.; Kuhlmann, B.; Wiggershaus-Eschert, S.; Zullei-Seibert, N.: Daten und Informationen zu Wasserinhaltsstoffen. München, Wien: R. Oldenbourg Verlag 1993.

Alloway, B. J.; Ayres, D. C. (bearbeitet u. ergänzt von Förstner, U.): Schadstoffe in der Umwelt - Chemische Grundlagen zur Beurteilung von Luft-, Wasser- und Bodenverschmutzungen. Heidelberg: Spektrum Akademischer Verlag 1996.

Aurand, K.; Hässelbarth, U.; Lange-Aschenfeldt, H., Steuer, W.: Die Trinkwasserverordnung - Einführung und Erläuterungen für Wasserversorgungsunternehmen und Überwachungsbehörden, 3. Auflage. Berlin: Erich Schmidt Verlag 1991.

Bliefert, C.: Umweltchemie. Weinheim: VCH Verlagsgesellschaft 1995.

DVGW Deutscher Verein des Gas- und Wasserfaches (Hrsg.): Lehr- und Handbuch Wasserversorgung. Frimmel, F. H. u. a.: Bd. 5. Wasserchemie für Ingenieure. München, Wien: R. Oldenbourg Verlag 1993.

DVWK Deutscher Verband für Wasserwirtschaft und Kulturbau e.V. (Hrsg.): Aussagekraft von Gewässergüteparametern in Fließgewässern - Teil I: Allgemeine Kenngrößen, Nährstoffe, Spurenstoffe und anorganische Schadstoffe, biologische Kenngrößen. DVWK-Merkblätter 227/1993. Hamburg: Verlag Paul Parey 1993.

DVWK Deutscher Verband für Wasserwirtschaft und Kulturbau e.V. (Hrsg.): Aussagekraft von Gewässergüteparametern in Fließgewässern - Teil II: Summenparameter für Kohlenstoffverbindungen und sauerstoffverbrauchende Substanzen, Mineralstoffe, organische Schadstoffe, hygienische Kennwerte. Teil III: Hinweise zur Probenahme für physikalisch-chemische Untersuchungen. DVWK-Merkblätter 228/1996. Bonn: Wirtschafts- und Verlagsgesellschaft Gas und Wasser 1996.

Fachgruppe Wasserchemie in der Gesellschaft Deutscher Chemiker in Gemeinschaft mit dem Normenausschuß Wasserwesen im DIN (Hrsg.): Deutsche Einheitsverfahren zur Wasser-, Abwasser- und Schlammuntersuchung. Weinheim: VCH Verlagsgesellschaft.

Förstner, U.: Umweltschutztechnik. 5. Aufl. Berlin: Springer-Verlag 1995.

Frimmel, F. H.; Gordalla, B. C. (Hrsg.): Gewässergütekriterien - Ergebnisse eines Rundgesprächs / Deutsche Forschungsgemeinschaft. Weinheim: VCH Verlagsgesellschaft 1996.

Hancke, K.: Wasseraufbereitung - Chemie und Chemische Verfahrenstechnik. 3. Aufl. Düsseldorf: VDI Verlag 1994.

Hütter, L.: Wasser und Wasseruntersuchung, 6. Aufl. Frankfurt/Main, Aarau: Otto Salle Verlag / Verlag Sauerländer 1994.

Knoch, W.: Wasserversorgung, Abwasserreinigung und Abfallentsorgung. Chemische und analytische Grundlagen. 2. Aufl. Weinheim: VCH Verlagsgesellschaft 1994.

Koch, R.: Umweltchemikalien - Physikalisch-chemische Daten, Toxizitäten, Grenz- und Richtwerte, Umweltverhalten. 3. Aufl. Weinheim: VCH Verlagsgesellschaft 1995.

Koppe, P.; Stozek, A.: Kommunales Abwasser, seine Inhaltsstoffe nach Herkunft, Zusammensetzung und Reaktionen im Kläranlagenprozeß einschließlich Klärschlämme. 3. Aufl. Essen: Vulkan Verlag 1993.

Kümmel, R.; Papp, S.: Umweltchemie - Eine Einführung. 2. Aufl. Leipzig: Deutscher Verlag für Grundstoffindustrie 1990.

Kummert, R.; Stumm, W.: Gewässer als Ökosysteme. Grundlagen des Gewässerschutzes. 3. Aufl. Zürich: vdf Verlag der Fachvereine und Stuttgart: Teubner-Verlag 1992.

Lienig, D.: Wasserinhaltsstoffe. Bedeutung und Erfassung. 2. Aufl. Berlin: Akademie-Verlag 1983

Sigg, L.; Stumm, W.: Aquatische Chemie - Eine Einführung in die Chemie wäßriger Lösungen und natürlicher Gewässer. 4. Aufl. Zürich: vdf Verlag der Fachvereine und Stuttgart: Teubner-Verlag 1995.

Sontheimer, H.; Spindler, P.; Rohmann, U.: Wasserchemie für Ingenieure. Karlsruhe: DVGW-Forschungsstelle am Engler-Bunte-Institut der Universität Karlsruhe

(TH) 1980.

Streit, B.: Lexikon Ökotoxikologie. Weinheim: VCH Verlagsgesellschaft 1991.

Ullmann´s Encyclopedia of Industrial Chemistry. Vol. A 28: Water. Weinheim: VCH Verlagsgesellschaft 1996.

Im Text zitierte Literatur

[ABB 1993]   Abbt-Braun, G.: Praktische Aspekte von Huminstoffen. In: Deutscher Verein des Gas- und Wasserfaches e.V. (Hrsg.): Lehr- und Handbuch Wasserversorgung. Bd. 5. Wasserchemie für Ingenieure. München, Wien: R. Oldenbourg Verlag 1993.

[AHL 1993]   Ahlers, M.; Kuhlmann, B.; Wiggershaus-Eschert, S.; Zullei-Seibert, N.: Daten und Informationen zu Wasserinhaltsstoffen. München, Wien: R. Oldenbourg Verlag 1993.

[ATK 1990]   Atkins, P. W.: Physikalische Chemie. Weinheim: VCH Verlagsgesellschaft 1990.

[AUR 1991]   Aurand, K.; Hässelbarth, U.; Lange-Aschenfeldt, H.; Steuer, W. (Hrsg.): Die Trinkwasserverordnung - Einführung und Erläuterungen für Wasserversorgungsunternehmen und Überwachungsbehörden. 3. Aufl. Berlin: Erich Schmidt Verlag 1991.

[BGW 1996]   BGW - Bundesverband der deutschen Gas- und Wasserwirtschaft e.V. (Hrsg.): Entwicklung der öffentlichen Wasserversorgung 1990-1995. Bonn: Wirtschafts- und Verlagsgesellschaft Gas und Wasser 1996.

[BLI 1991]   Bliefert, C.: Umweltchemie. Weinheim: VCH Verlagsgesellschaft 1991.

[DIN 1995]   DIN 38404-10 Deutsche Einheitsverfahren zur Wasser-, Abwasser- und Schlammuntersuchung. Physikalische und chemische

Stoffkenngrößen (Gruppe C). Teil 10: Calcitsättigung eines Wassers. Ausgabe 1995-04.

[FLE 1993]   Fleckseder, H.: Die Rolle der Nährstoffe in der aquatischen Ökologie - Die Bedeutung der Nährstoffelimination in Kläranlagen für den Stoffhaushalt. Wiener Mitteilungen Wasser - Abwasser - Gewässer 110 (1993) A1 - A42.

[FRI 1985]   Fritsche, W.: Umwelt-Mikrobiologie. Berlin: Akademie-Verlag 1985.

[HAN 1991]   Hancke, K.: Wasseraufbereitung. Chemie und chemische Verfahrenstechnik. 2. Aufl. Düsseldorf: VDI-Verlag 1991.

[KLO 1994]   Klopp, R.; Pätsch, B.: Organische Komplexbildner in Abwasser, Oberflächenwasser und Trinkwasser, dargestellt am Beispiel der Ruhr. Wasser und Boden (1994) 8, 32-37.

[KOC 1991]   Koch, R.: Umweltchemikalien - Physikalisch-chemische Daten, Toxizitäten, Grenz- und Richtwerte, Umweltverhalten. 2. Aufl. Weinheim: VCH Verlagsgesellschaft 1991.

[KOP 1986]   Koppe, P.; Stozek, A.: Kommunales Abwasser. Essen: Vulkan Verlag 1986.

[KÜM 1988]   Kümmel, R.; Papp, S.: Umweltchemie - Eine Einführung. Leipzig: Deutscher Verlag für Grundstoffindustrie 1988.

[KÜM 1990]   Kümmel, R.; Worch, E.: Adsorption aus wäßrigen Lösungen. Leipzig: Deutscher Verlag für Grundstoffindustrie 1990.

[PIE 1997]   Pietsch, J.: Spurenanalytische Bestimmung polarer organischer Stickstoffverbindungen und deren Verhalten im Prozeß der Trinkwasseraufbereitung. Dissertation TU Dresden 1997.

[ROH 1993]   Rohmann, U.: Grundlagen des „Kalk-Kohlensäure-Gleichgewichts". In: Deutscher Verein des Gas- und Wasserfaches e.V. (Hrsg.): Lehr- und Handbuch Wasserversorgung. Bd. 5. Wasserchemie für Ingenieure. München, Wien: R. Oldenbourg Verlag 1993.

[SCH 1992]   Schullerer, S.; Koschenz, G.; Brauch, H.-J.; Frimmel, F. H.: Ein neuer Parameter zur summarischen Bestimmung organischer Schwefelverbindungen nach Ionenpaarextraktion: IOS (Ionen-paar-extrahierbare organische Schwefelverbindungen). Vom Wasser 78 (1992) 229-243.

[SIG 1995]   Sigg, L.; Stumm, W.: Aquatische Chemie - Eine Einführung in die Chemie wäßriger Lösungen und natürlicher Gewässer. 4. Aufl. Zürich: vdf Verlag der Fachvereine und Stuttgart: Teubner-Verlag 1995.

[STU 1987]   Stumm, W.: (Hrsg.): Aquatic Surface Chemistry. New York: John Wiley & Sons 1987.

[STU 1990]   Stumm, W. (Hrsg.): Aquatic Chemical Kinetics. New York: John Wiley & Sons 1990.

[STU 1992]   Stumm, W.: Chemistry of the Solid-Water Interface. New York: John Wiley & Sons 1992.

Sachregister